工程机械电气系统检修

主　编　冯美英　孙定华　薛文灵
副主编　李光辉
参　编　彭智峰　赵晓艳　刘　霞

U0234956

北京理工大学出版社
BEIJING INSTITUTE OF TECHNOLOGY PRESS

内 容 简 介

《工程机械电气系统检修》主要是为了配合国家"一带一路"的倡议，根据海外工程机械售后服务人员培养的需求，以培养学生的工程机械电气系统技术服务能力为主线，融入系统思维方法、安全意识、家国意识等元素，达到教书育人的效果。

本书按"教学做一体"的形式设计项目，共设计了"检修电源系统""检修照明与信号系统""检修起动系统""检修雨刮系统""检修仪表与报警系统""检修辅助电气系统"6个项目。

本书既可作为高等院校、高职院校工程机械和重型车辆类专业电气维修技能训练与理论指导教材，也可作为重型车辆世界技能大赛备赛训练教材和企业职工培训考级的专业教材，还可以作为工程机械企业技术人员的参考资料。

图书在版编目（C I P）数据

工程机械电气系统检修／冯美英，孙定华，薛文灵
主编. -- 北京：北京理工大学出版社，2023.5
　　ISBN 978 - 7 - 5763 - 2359 - 7

Ⅰ.①工… Ⅱ.①冯… ②孙… ③薛… Ⅲ.①工程机械 - 电气系统 - 检修 - 教材 Ⅳ.①TU607

中国国家版本馆 CIP 数据核字（2023）第 081784 号

出版发行／北京理工大学出版社有限责任公司
社　　址／北京市海淀区中关村南大街 5 号
邮　　编／100081
电　　话／（010）68914775（总编室）
　　　　　（010）82562903（教材售后服务热线）
　　　　　（010）68944723（其他图书服务热线）
网　　址／http：//www.bitpress.com.cn
经　　销／全国各地新华书店
印　　刷／三河市天利华印刷装订有限公司
开　　本／787 毫米 ×1092 毫米　1/16
印　　张／14.5　　　　　　　　　　　　　　　　责任编辑／钟　博
字　　数／363 千字　　　　　　　　　　　　　　文案编辑／钟　博
版　　次／2023 年 5 月第 1 版　2023 年 5 月第 1 次印刷　　责任校对／刘亚男
定　　价／72.00 元　　　　　　　　　　　　　　责任印制／李志强

前　　言

为了贯彻落实党的二十大精神和《国家职业教育改革实施方案》文件精神，践行二十大报告中的"共建'一带一路'成为深受欢迎的国际公共产品和国际合作平台"，根据工程机械在服务"一带一路"及南极科考过程中常遇到的问题、海外工程机械售后服务人员的工作岗位需求，本书以培养学生的工程机械电气系统技术服务能力为主线，融入系统思维方法、安全意识、家国意识等元素。

本书的编写特点如下。

1. 以校企"双元"合作开发模式编写

本书主要选取广西柳工机械股份有限公司（以下简称"柳工"）的922E挖掘机和856H装载机机型作为载体，柳工的技术大师彭智峰等参与编写。这让本书内容与行业、职业标准和岗位规范连接密切，同时有效融入工程机械行业发展中的新知识、新技术、新工艺、新方法，使本书既可以对接"1+X"，又实现真正的专业化、规范化、实用化。

2. 以工作手册模式编写

本书按工程机械电气系统分类选取6个典型项目，每个项目均选自企业员工工作过程中常碰到的典型的工作任务。本书以任务驱动、教学做一体化的实施方式来编写。每个任务相对独立，包括完成任务所需要的任务书、相关的支撑理论知识、相关规定、作业流程、任务工单及对应考核评价表等方面的教学资料。

3. 按照"以学生为中心、以学习成果为导向、注重学生综合素质的培养"的思路编写

本书弱化了教材的"教学材料"特征，强化了教材及教学资源的"学习资料"功能，按照德技并修，全面持续可发展的理念来设计每个任务（项目）。在本书中，教师的角色由知识的传授者变为学习任务的设计者、教学过程的策划者、学习任务落实的组织者、学习效果的检查者和督促者。

4. 配有较为完整的数字化教学资源

目前已经进入信息化时代，为了让本书具有启发性，富有特色，能够激发学生的学习兴趣，使其实际使用效果好，主编冯美英老师制作了与本书配套的精品在线开放课程网站（其中有丰富的教学课件、教学视频、项目自测题、习题库及对应习题答案、试卷库）。在线开放课程网站的网址每半年更新一次，可以联系本书主编索取（Email：515818729@qq.com）。本书配套的数字资源可以调动学生的学习积极性，挖掘学生的学习潜能，使其真正融入学习过程。

本书既可作为高职、中职工程机械和重型车辆类专业电气维修技能训练与理论指导教材，也可作为重型车辆世界技能大赛备赛训练教材和企业职工培训考级的专业教材，还可以作为工程机械企业技术人员的参考资料。

目　　录

项目1　检修电源系统

学习目标

（1）能对电源系统中出现的故障进行检测与诊断；
（2）能对电源系统中出现的故障进行修复；
（3）树立"安全第一"的工作理念；
（4）培养精益求精的精神。

任务内容

柳工922E挖掘机电源系统电路出现故障，经检查发现发电机不充电。请对该电路进行故障诊断与排除。

●任务工单

任务名称	挖掘机电源系统故障检测	序号		日期	
级别		耗时		班级	
任务要求	在规定的时间内排除挖掘机电源系统台架上已经设置好的故障				

（1）某挖掘机电源系统电路图如下。

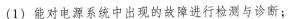

任务名称	挖掘机电源系统故障检测	序号		日期	
级别		耗时		班级	
任务要求	在规定的时间内排除挖掘机电源系统台架上已经设置好的故障				

（2）在上图中，如果发电机不充电，试分析原因，说明故障排除方法并写出故障排除步骤。

①故障原因：

②排故流程：

● **考核评价表**

考核项目	考核标准	分值
职业素养、安全文明生产（30分）	穿工作服（实训服）；小组中有成员不穿工作服，本项目不得分（具有安全意识）	4
	搜集工程机械售后服务过程中的大事件，说一说自己的感触（通过讨论了解相关知识）	3
	故障排除后，需经教师确认安全后再上电试机（具有安全意识）	5
	故障排除后，要求不增加故障，无短路安全隐患，出现任何一项问题本项目不得分（具有安全意识）	6
	工作过程中零部件、工具不落地，每落地1次扣2分，直到扣完为止（团队成员要互相配合，具有服务意识）	6
	工后5S，每漏整理1项扣2分（具有服务于下一个学习小组操作的意识）	6
技能操作（40分）	排故流程图清晰，排故操作步骤、顺序正确。步骤错误每次扣5分，操作错误每次扣5分，每漏1项扣5分，直到扣完为止（会用系统思维方法思考问题）	25
	操作过程中操作不当导致短路或者把保险或其他电气元件损坏的，每个扣9分，直到扣完为止（具有安全意识）	9
	能按规范要求正确使用工具、仪器，使用错误1次扣3分，直到扣完为止	6
完成质量（20分）	故障排除后上电试机，工作正常得12分；需二次排故才工作正常得6分；上电时出现短路或者保险烧坏，本项目不得分	12
	在规定时间内完成任务，认真填写任务工单，答题正确（具有爱岗敬业、精益求精的工匠精神）	8
增值项：检测优化（10分）	针对故障检测再次优化排故流程图，设计合理，方案特别优秀得8分；方案比较优秀，无多余步骤得6分；排故流程图每增加1个无用步骤扣2分，直到扣完为止；排故流程图特别混乱的根据实际情况酌情扣分（会用系统思维方法思考问题，具有精益求精的工匠精神）	8
	排故流程图设计新颖，具有创新性（具有精益求精的工匠精神）	2

任务 1.1 选用常用电工工具

学习目标

（1）掌握剥线钳的不同功能及使用方法；

（2）掌握各低压验电器的使用方法；

（3）掌握电烙铁的使用方法；

（4）树立"安全第一"的工作理念。

工作任务

在某电路板上使用电烙铁焊接一个单相半波整流电路。

相关知识

1.1.1 使用剥线钳

1. 剥线钳的功能

剥线钳用来剥离直径为 3 mm 及以下绝缘导线的塑料或橡胶绝缘层。剥线钳由钳口和手柄两部分组成。剥线钳钳口分有 0.5 ~ 3 mm 的多个直径切口，用于与不同规格芯线的直径匹配。剥线钳也装有绝缘套。剥线钳的外形如图 1 - 1 - 1 所示。

图 1 - 1 - 1　剥线钳的外形

2. 剥线钳的使用方法及注意事项

（1）剥线时，切口过大难以剥离绝缘层，切口过小会切断芯线。为了不损伤芯线，线头应放在稍大于芯线的切口上。

（2）在使用剥线钳之前，必须保证手柄的绝缘性能良好，以保证带电作业时的人身安全，严禁用刀口同时剪切相线和零线或同时剪切两根相线，以免发生短路事故。

1.1.2 使用电烙铁

1. 电烙铁的功能

电烙铁是熔解锡以进行焊接的工具。常用电烙铁的分为内热式和外热式。

（1）内热式电烙铁。内热式电烙铁由连接杆、手柄、弹簧夹、烙铁芯、烙铁头（也称铜头）5 个部分组成。烙铁芯安装在烙铁头内（发热快，热效率高）。烙铁芯采用镍铬电阻丝绕在瓷管上制成，一般 20 W 的内热式电烙铁的电阻为 2.4 kΩ 左右，35 W 的内热式电烙铁的电阻为 1.6 kΩ 左右。

（2）外热式电烙铁。外热式电烙铁由烙铁头、烙铁芯、外壳、手柄、插头等部分组成。烙铁头安装在烙铁芯内，用以热传导性好的铜为基体的铜合金材料制成。烙铁头的长短可以调整（烙铁头越短，烙铁头的温度越高）且有凿式、尖锥形、圆面形和半圆沟形等不同的形状，以适应不同焊接面的需要，如图 1 - 1 - 2 所示。

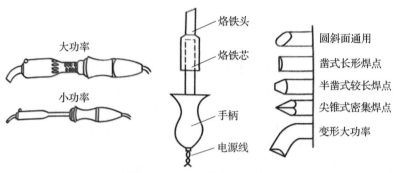

图 1 - 1 - 2　外热式电烙铁

电烙铁的工作电源一般采用 220 V 交流电。电工通常使用 20 W、25 W、30 W、35 W、40 W、45 W、50 W 的电烙铁。

一般来说，电烙铁的功率越大，热量越大，烙铁头的温度越高。焊接集成电路、印制线路板一般选用 20 W 内热式电烙铁。电烙铁功率过大，容易烫坏元器件（一般二极管、三极管节点温度超过 200 ℃ 时就会烧坏）和使印制导线从基板上脱落；电烙铁功率太小，焊锡不能充分熔化，焊剂不能挥发，焊点不光滑、不牢固，易产生虚焊。焊接时间过长，也会烧坏元器件，一般每个焊点在 1.5 ~ 4 s 内完成。

2. 电烙铁的使用方法及注意事项

在使用电烙铁前先通电给烙铁头"上锡"。首先用锉刀把烙铁头按需要锉成一定的形状，然后接上电源，当熔铁头温度升高到能熔锡时，将烙铁头在松香上沾涂一下，等松香冒烟后再沾涂一层焊锡，如此反复进行两三次，使烙铁头的刃面全部挂上一层焊锡即可使用。

电烙铁不宜长时间通电而不使用，这样容易使烙铁芯加速氧化而烧断，缩短其寿命，同时也会使烙铁头因长时间加热而氧化，甚至被"烧死"，不再"吃锡"。

3. 焊料、焊剂

用电烙铁焊接导线时，必须使用焊料和焊剂。

1）焊料

焊料是一种易熔金属，它能使元器件引线与连接点被焊接在一起。锡（Sn）是一种质地柔软、延展性大的银白色金属，熔点为 232 ℃，在常温下化学性能稳定，不易氧化，不会失去金属光泽，抗大气腐蚀能力强。铅（Pb）是一种较软的浅青白色金属，熔点为 327 ℃，高纯度的铅耐大气腐蚀能力强，化学稳定性好，但对人体有害。锡中加入一定比例的铅和少量其他金属可制成熔点低、流动性好、对元器件和导线的附着力强、机械强度高、导电性好、不易氧化、抗腐蚀性好、焊点光亮美观的焊料，一般称为焊锡。焊锡按含锡量的多少可分为 15 种，按含锡量和杂质的化学成分可分为 S、A、B 三个等级。手工焊接常用丝状焊锡。

2）焊剂

焊剂分为助焊剂和阻焊剂。助焊剂一般可分为无机助焊剂、有机助焊剂和树脂助焊剂。焊剂能溶解去除金属表面的氧化物，并在焊接加热时包围金属的表面，使之和空气隔绝，防止金属在加热时氧化；可降低熔融焊锡的表面张力，有利于焊锡的湿润。阻焊剂限制焊料只在需要的焊点上进行焊接，把不需要焊接的印制电路板的面板部分覆盖起来，保护面板，使其在焊接时受到的热冲击小，不易起泡，同时还起到防止桥接、拉尖、短路、虚焊等作用。

使用焊剂时，必须根据被焊件的面积和表面状态适量施用，用量过小会影响焊接质量，若用量过多，焊剂残渣会腐蚀元器件或使电路板的绝缘性能变差。

4. 电烙铁的握法

电烙铁的握法没有统一的要求，以不易疲劳、操作方便为原则，一般有笔握法和拳握法两种，如图 1-1-3 所示。

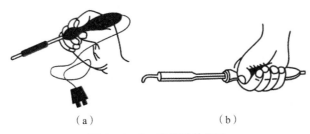

（a）   （b）

图 1-1-3　电烙铁的握法

（a）笔握法；（b）拳握法

5. 焊锡丝的拿法

焊锡丝一般有两种拿法，如图 1-1-4 所示。由于在焊丝的成分中，铅占一定比例，众所周知，铅是对人体有害的重金属，因此操作时应戴手套或操作后洗手，避免将铅食入。

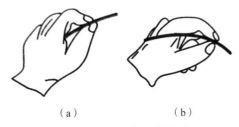

（a）   （b）

图 1-1-4　焊锡丝的拿法

（a）连续焊接时焊锡丝的拿法；（b）断续焊接时焊锡丝的拿法

6. 烙铁架

使用电烙铁要配置烙铁架，烙铁架一般放置在工作台右前方，电烙铁用后一定要稳妥地放置在烙铁架上，并注意导线等物不要触碰烙铁头，以免被烙铁烫坏绝缘后发生短路。

7. 焊接步骤

1）准备施焊

准备好焊锡丝和电烙铁，烙铁头部要保持干净，即可以沾上焊锡（俗称"吃锡"）。

2）加热焊件

使电烙铁接触焊接点，首先要注意保持电烙铁加热焊件各部分，例如要使印制电路板上的引线和焊盘都受热，其次要注意让烙铁头的扁平部分（较大部分）接触热容量较大的焊件，让烙铁头的侧面或边缘部分接触热容量较小的焊件，以保证焊件均匀受热。

3）熔化焊锡

当焊件加热到能熔化焊料的温度后将焊锡丝置于焊点，焊锡开始熔化并润湿焊点。

4）移开焊锡丝

当熔化一定量的焊锡后将焊锡丝移开。

5）移开电烙铁

当焊锡完全润湿焊点后移开电烙铁，注意移开电烙铁的方向应该是大致45°的方向。上述过程对一般焊点而言需要2~3 s。各步骤之间停留的时间对保证焊接质量至关重要，只有通过实践才能逐步掌握。

焊接的基本要求是：焊点必须牢固，锡液必须充分渗透，焊点表面光滑润泽，应防止出现"虚焊"和"夹生焊"现象。产生"虚焊"的原因是焊件表面未清理干净或焊剂太少，使焊锡不能充分流动，造成焊件表面挂锡太少，焊件之间未能充分固定；造成"夹生焊"的原因是电烙铁温度低或焊接时电烙铁停留时间太短，焊锡未能充分熔化。

使用电烙铁的注意事项如下。

（1）根据焊接对象合理选用不同类型的电烙铁。

（2）新电烙铁在使用前要使烙铁头"吃锡"，接通电源后烙铁头的颜色变黄时，把焊锡丝放在松香上使焊锡熔化并反复拉动烙铁头即可"吃锡"，应保持烙铁头常有锡，这样焊接时焊锡就容易熔化。

（3）为了防止电烙铁温度太高"烧死"和加速烙铁头的老化，尽量使用烙铁架和带"自动恒温"或"调温"功能的电烙铁。

（4）一般右手持电烙铁，左手用镊子夹住元器件或导线。将烙铁头紧贴在焊点处，电烙铁与水平面约成60°角，烙铁头在焊点处停留的时间为2秒左右。每个焊点要接触良好，防止"虚焊"。

（5）焊接时间过长容易损坏元器件或使电路板的铜箔翘起，焊接时可用镊子夹住管脚以帮助散热。焊接集成电路时，电烙铁要可靠接地，或断电后利用余热焊接，以防止损坏集成电路。

（6）使用过程中不要任意敲击电烙铁头以免损坏。内热式烙铁连接杆钢管壁厚度只有0.2 mm，不能用钳子夹以免损坏。在使用过程中应经常维护，保证烙铁头挂上一层薄锡。

1.1.3 使用低压验电笔

1. 验电笔的功能

验电笔又称为试电笔，是检验导线、电器是否带电的一种常用工具，其检测范围为50~500 V，有钢笔式、旋具式、螺丝刀式和组合式多种。低压验电笔由金属笔尖、降压电阻、氖管、弹簧、金属尾帽等部分组成，如图1-1-5所示。

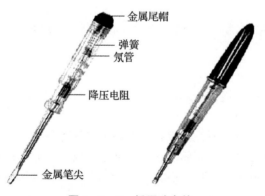

金属尾帽
弹簧
氖管
降压电阻
金属笔尖

图1-1-5　低压验电笔

2. 低压验电笔的使用方法及注意事项

（1）使用低压验电笔时，必须按照图1-1-6所示的握法操作。注意手指必须接触尾帽的金属体（钢笔式）或顶部的金属螺钉（螺丝刀式）。这样，只要带电体与大地之间的电位差超过 50 V，氖管中的氖泡就会发光。

（2）使用前，要先在有电的导体上检查低压验电笔是否正常发光，检验其可靠性。验电时应将低压验电笔逐渐靠近被测物体，直至氖泡发光。只有在氖泡不发光时，并在采取防护措施后，低压验电笔才能与被测物体直接接触。

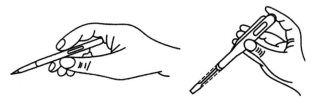

图 1-1-6　低压验电笔的握法

（a）笔式握法；（b）螺丝刀式握法

（3）在明亮的光线下往往不容易看清氖泡的辉光，故应注意避光。

（4）低压验电笔的金属笔尖只能承受很小的扭矩，不能像螺丝刀那样使用，否则会损坏。

（5）低压验电笔可以用来区分相线和零线，氖泡发亮的是相线，氖泡不发亮的是零线。低压验电笔也可用来判别接地故障。如果在三相四线制电路中发生单相接地故障，用低压验电笔测试中性线时，氖泡会发亮；在三相三线制电路中，用低压验电笔测试三根相线，如果两相很亮，另一相不亮，则不亮的相可能有接地故障。

（6）低压验电笔可用来判断电压高低。氖泡发光越暗，表明电压越低；氖泡发光越亮，表明电压越高。

（7）低压验电笔可用来区别直流电与交流电。交流电通过低压验电笔时，氖管里的两个极同时发光。直流电通过低压验电笔时，氖管里的两个极只有一个发光，发光的一极即直流电的负极。

3. 工程机械专用验电笔

工程机械专用验电笔可以用于工程机械电路试电，而且可以直接从其指示上判断发电机、调节器的工作是否正常。使用时，根据电路系统电压，将工程机械专用验电笔的负极用鳄鱼夹接搭铁。工程机械专用验电笔可以检测 12 V 电路系统和 24 V 电路系统。检测时，将试笔头逐次碰触被测点，这时，工程机械专用验电笔上的两只双色二极管共可以指示 6 种状态，见表 1-1，分别对应不同的电压值，可根据指示值判断电路系统工作是否正常。例如：工程机械专用验电笔无指示，则表明被测点无电或电位低于 11 V（对 12 V 电路系统而言），若两只管均呈橙绿色，则表明电路系统电压过高。

表 1-1　工程机械专用验电笔显示电压状态对应情况

试笔头显示情况	对应电压/V		另一头显示情况	试笔头显示情况	对应电压/V		另一头显示情况
	12	24			12	24	
红色	11	23	不亮	红色	13	25	两只管显示橙绿色
橙色	12	24		橙色	14	26	
橙绿色	12.6	24.6		橙绿色	15	27	

1.1.4 使用测试灯

1. 测试灯的功能

测试灯也称为测试笔，其主要作用是检查系统电源电路是否给电气部件供电，检查电气电路是否断路或短路。其中12 V测试灯由12 V试灯、导线、搭铁夹、探针组成。

2. 测试灯的使用方法及注意事项

检查时，将12 V测试灯一端搭铁，另一端接电气部件电源接头。如灯亮，说明电气部件的电源电路无故障；如灯不亮，再接向电源方向的第二个接线点，如灯亮，则故障在第一个接点与第二个接点之间；如灯仍不亮，则再接第三个接点，直至灯亮为止，则故障出现在最后被测接点与上一个被测接点间的电路上，大多为断路故障。12 V测试灯应用实例如图1-1-7所示。

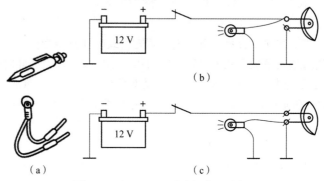

图1-1-7 12 V测试灯应用实例

(a) 12 V测试灯；(b) 用12 V测试灯检查大灯电源电路；(c) 用12 V测试灯检查大灯搭铁电路

测试灯只能测试不含固态器件的电路。少数电路含有固态组件，例如，用微机控制燃油喷射的发动机电子控制单元（ECU），测试这类电路的电压时，只能用阻抗在10 M以上的数字式万用表。对含有固态组件的电路，切不可使用测试灯进行测试，以防损坏固态组件。

测试灯可以用电压表取代，测试灯只能表明是否有电，而电压表则可以指明电压值。有源测试灯可以用欧姆表取代，欧姆表可以显示电路上两点之间的电阻值，阻值很小意味着导通良好。有源测试灯与12 V测试灯的结构及使用方法基本相同，只是在手柄内加装两节1.5 V干电池。它主要用来检查电气电路是否断路或短路。

任务实施

在电路板上焊接图1-1-8所示的单相半波整流电路。

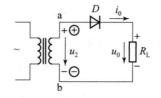

图1-1-8 单相半波整流电路

（1）准备一块电路板；

（2）用剥线钳剥好相关电线；

（3）用电烙铁焊接相关元器件使其与电线连接；

（4）焊接完毕后用验电笔和测试灯测量电路中是否有虚焊点。

任务 1.2　使用万用表

学习目标

（1）掌握万用表的使用方法；
（2）树立"安全第一"的工作理念；
（3）会用万用表检测电路的各参数。

工作任务

测量电路的电阻、电流、电压等相关参数。

相关知识

万用表又叫作多用表、三用表、复用表，是一种多功能、多量程测量仪表。一般万用表可测量直流电流、直流电压、交流电压、直流电阻、电容量、电感量及半导体的一些参数。

1.2.1　使用模拟指针式万用表

1. 模拟指针式万用表的结构

图 1-2-1 所示为模拟指针式万用表的外形。模拟指针式万用表由表头、测量电路及转换开关 3 个主要部分组成。表头通常采用灵敏度、准确度均很高的磁电式直流微安表，其满刻度电流为几微安到几百微安。测量时，用一只表头能测量多种电量，并且有多种量程，其关键是通过测量电路变换，把被测电量变成磁电式直流微安表所能接受的微小直流电流。转换开关是选择不同被测量和不同量程的切换元件。面板如 1-2-1 所示。

图 1-2-1　模拟指针式万用表的外形

2. 使用前的准备

（1）接线柱（或插孔）的选择。测量前检查表笔插接位置，红表笔一般插在标有"＋"的插孔内，黑表笔一般插在标有"－"的公共插孔内。

（2）测量种类的选择。根据所测对象的种类（交/直流电压、直流电流、电阻），将转换开关旋至相应位置。

（3）量程的选择。根据大致测量范围，将转换开关旋至适当量程，若被测量数值大小不明，应将转换开关旋至最大量程。先测试，若读数太小，可逐步减小量程，绝对不允许带电转换量程，切不可使用电流挡或欧姆挡测量电压，否则会损坏万用表。

（4）万用表用完后，应将转换开关置于空挡或交流挡 500 V 位置。若长期不用，应将表内电池取出。

（5）万用表的机械调零是供测量电压、电流时调零用。旋动万用表的机械调零螺钉，使指针对准刻度盘左端的"0"位置。

3. 测量交流电压

（1）使用交流电压挡。

（2）将两表笔并接电路两端，不分正、负极，如图 1－2－2 所示。

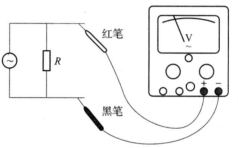

图 1－2－2　用万用表测量交流电压

（3）在相应量程标尺上读数。

（4）当被测电压大于 500 V 时，红表笔应插在 2 500 V 的交、直流插孔内，并且必须戴绝缘手套。

4. 测量直流电压

（1）使用直流电压挡。

（2）红表笔接被测电压的正极，黑表笔接被测电压的负极，两表笔并接在被测电路两端，如图 1－2－3 所示。如果不知道极性，将转换开关置于直流电压的最大处，然后将一根表笔接被测一端，另一表笔迅速碰一下另一端，观察指针偏转情况：若正偏，则接法正确；若反偏，则应调换表笔。

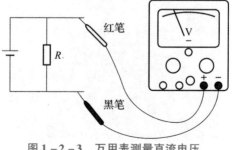

图 1－2－3　万用表测量直流电压

（3）根据指针稳定时的位置及所选量程正确读数。

5. 测量直流电流

（1）用万用表测量直流电时，用直流电流挡，量程选择 mA 或 μA 挡，两表笔串联接于测量电路中。

（2）红表笔接电源正极，黑表笔接电源负极，如图 1-2-4 所示。如果不知道极性，则将转换开关置于 mA 挡的最大处，然后将一根表笔固定于一端，另一表笔迅速碰一下另一端，观察指针偏转情况：若正偏，则接法正确；若反偏，则应调换表笔。

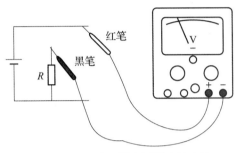

图 1-2-4　用万用表测量直流电流

（3）用万用表测电流时可选挡位为 mA 或 μA 挡，不能测大电流。

（4）根据指针稳定时的位置及所选量程正确读数。

6. 测量电阻

（1）用万用表的电阻挡测量电阻，如图 1-2-5 所示。

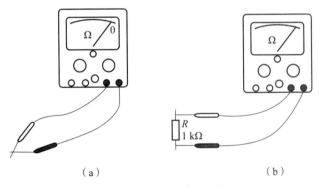

（a）　　　　　　　　　　　　（b）

图 1-2-5　用万用表测量电阻

（a）调零；（b）测量电阻

（2）测量前应将电路电源断开，如果电路中有大电容，则必须充分放电，切不可带电测量。

（3）测量电阻前，先进行调零，即将红、黑两表笔短接，调节"2"旋钮，使指针对零，如图 1-2-5 所示。若指针调不到零，则表内电池电量不足，需更换。每更换一次电池都要重新调零一次。

（4）测量小电阻时应尽量减少接触电阻，测量大电阻时，不要用手接触两表笔，以免人体电阻并入而影响精度。

（5）表头指针显示的读数乘以所选量程的倍率数即所测电阻的阻值。

1.2.2　使用数字式万用表

数字式万用表采用了集成电路模/数转换器和数显技术，将被测量的数值直接以数字形式显示出来。数字式万用表显示清晰、直观，读数精确，与模拟指针式万用表相比，其各项性能指标均有大幅度的提高。这里以 DT890 型数字式万用表为例说明，其面板结构如图 1-2-6 所示。

符号	功能
V～	交流电压测量
V⁻	直流电压测量
A～	交流电流测量
A⁻	直流电流测量
Ω	电阻测量
Hz	频率测量
hFE	晶体管测量
F	电容测量
℃	温度测量
▶	二极管测量
•))	通断测量

图 1-2-6　数字式万用表（DT890 型）

1. 数字式万用表的面板说明

1）显示器

数字式万用表的显示位置用 V/Ω、mA/μA 以及 A 等标示，其中的"V/Ω"指的是显示数的首位只能显示"0"或"1"两个数字，而其余各位都能够显示 0~9 这 10 个完整的十进制数字。最大指示值为 1 999 或 -1 999。当被测量超过最大指示值时，显示"1"或"-1"。

2）电源开关

使用时将电源开关置于"ON"位置，使用完毕将电源开关置于"OFF"位置。

3）转换开关

转换开关用于选择功能和量程。根据被测量（电压、电流、电阻等）选择相应的功能位，按被测量的大小选择合适的量程。

4）输入插孔

将黑表笔插入"COM"插孔，红表笔有如下 3 种插法：测量电压和电阻时插入"V/Ω"插孔，测量小于 200 mA 的电流时插入"mA"插孔，测量大于 200 mA 的电流时插入"20 A"插孔。

2. 数字式万用表的使用方法

将"POWER"按钮按下后，首先检查 9 V 电池的电量，如果电池电量不足，则显示屏左上方会出现"←"符号，这时需要更换电池后再使用。

1）测量直流电压

首先将黑表笔插入"COM"插孔，将红表笔插入"V/Ω"插孔，然后将功能开关置于"V～"量程范围，并将表笔并接在被测电压两端，在显示电压读数时，会同时指示红表笔的极性，如果显示器只显示"1"，表示过量程，功能开关应置于更大量程。

2）测量交流电压

首先将黑表笔插入"COM"插孔，将红表笔插入"V/Ω"插孔，然后将功能开关置于"V～"量程范围，并将表笔并接在被测负载或信号源上，显示器将显示被测电压值。

3）测量直流电流

首先将黑表笔插入"COM"插孔，当被测电流在 200 mA 以下时将红表笔插入"mA"插孔，如果被测电流为 200 mA~20 A，则将红表笔移至"20 A"插孔；然后将功能开关置于"A-"量程范围，并将表笔串接在被测电路中，在显示电流读数时，同时会指示红表笔的极性。

4）测量交流电流

首先将黑表笔插入"COM"插孔，当被测电流在200 mA以下时将红表笔插入"mA"插孔；如果被测电流为200 mA～20 A，则将红表笔移至"20 A"插孔；然后将功能开关置于"A～"量程范围，并将表笔串接在被测电路中，显示器将显示被测交流电流值。

5）测量电阻

首先将黑表笔插入"COM"插孔，将红表笔插入"V/Ω"插孔（红表笔连接内部电池的正极，黑表笔连接内部电池的负极），然后将功能开关置于所需量程范围，将表笔跨接在被测电阻上，显示器将显示被测电阻值。

6）测量二极管

使用数字式万用表测量二极管的方法与模拟指针式万用表不同，数字式万用表的红表笔连接内部电池的正极，黑表笔连接内部电池的负极。测量二极管时，将功能开关置于"－"挡，将红表笔插入"V/Ω"插孔，这时的显示值为二极管的正向压降，单位为V；若二极管反偏，则显示"1"。

7）测量三极管

测量三极管的电流放大倍数（"hFE"挡）时，根据被测管是PNP型还是NPN型，将被测管的E、B、C三个脚分别插入面板对应的插孔内。要注意的是，测量出的电流放大倍数只是一个近似值。

8）检查电路通断

将数字式万用表的转换开关拨至蜂鸣器位置，将红表笔插入"V/Ω"插孔。若被测电路电阻小于20 Ω，蜂鸣器发声，说明电路导通，反之则不通。

测量完毕，应立即关闭电源；若长期不用，应取出电池，以免漏电。

使用数字式万用表VAG1526测量工程机械直流电路电压示意如图1－2－7所示。

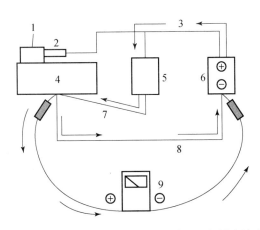

图1－2－7　使用数字式万用表VAG1526测量工程机械直流电路电压示意

1—交流发电机；2—B端子；3—电流；4—发动机本体；5—负荷；

6—蓄电池；7—车身搭铁；8—搭铁线；9—数字式万用表VAG1526

任务实施

（1）电阻的测量。

按给出的不同阻值的电阻，分别用模拟指针式万用表和数字式万用表测量它们的阻值并填写表1－2－1。

表 1 - 2 - 1　测量电阻

电阻	测量电阻		电阻	测量电阻	
	模拟指针式万用表	数字式万用表		模拟指针式万用表	数字式万用表
电阻 1			电阻 3		
电阻 2			电阻 4		

（2）直流电压的测量。

任意选择实训场地中 4 个蓄电池，测量它们的电压并填写表 1 - 2 - 2。

表 1 - 2 - 2　测量蓄电池电压

蓄电池	测量蓄电池电压		蓄电池	测量蓄电池电压	
	模拟指针式万用表	数字式万用表		模拟指针式万用表	数字式万用表
蓄电池 1			蓄电池 3		
蓄电池 2			蓄电池 4		

（3）交流电压的测量。

选择实训场地中 4 个插头的电压并填写表 1 - 2 - 3。

表 1 - 2 - 3　测量实训室 4 个插头处的电压

插头	测量插头处电压		插头	测量插头处电压	
	模拟指针式万用表	数字式万用表		模拟指针式万用表	数字式万用表
插头 1			插头 3		
插头 2			插头 4		

（4）用万用表测量直流稳压电源的输出电压，改变输出电压，同时改变万用表量程，正确读出所测直流电压数值并填入表格。

（5）在以上电路中接入 10 kΩ 的电阻，用万用表测直流电流，改变输出电压，同时改变万用表量程，正确读出所测直流电流数值并填入表格。

（6）从实训室内任取出 3 个电阻外加 1 个稳压电源，按图 1 - 2 - 8 所示电路连接。连接好电路后通电，进行以下工作。

①测量电压及电位。应选用万用表的_____挡位进行测量。

U_{AB} = _____ V，以 B 点为参考点，测出 V_A = _____ V，V_C = _____ V。

②测量电流。应选用万用表的_____挡位进行测量。

I_1 = _____ A，I_2 = _____ A，I_3 = _____ A。

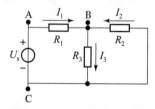

图 1 - 2 - 8　测量电路示意

任务1.3 **认识电路**

 学习目标

（1）认知常见电路的组成元件；
（2）了解常见电路物理量的关系；
（3）会分析电路中各串并联物理量的关系；
（4）培养系统思维能力。

 工作任务

计算相关电路的电阻、电压、电流。

相关知识 NEWS!

1. 电路的组成及其模型

电路一般由电源、负载、中间环节3个基本部分组成。如图1-3-1所示。

（1）电源：将其他形式的能量转换成电能的设备。电源向电路供应电能。

常见的电源有发电机、电池。发电机可以将水流位能、热能、核能等转换成电能，电池可以将化学能转换成电能。

（2）负载：将电能转换成其他形式能量的设备。负载在电路中是吸收电能的。

常见的负载有电动机、电炉、电灯等。电动机将电能转换成机械能，电炉将电能转换成热能，电灯将电能转换成光能。

（3）中间环节：连接电源和负载的部分。中间环节包括连接导线、控制设备、监测仪表等，它在电路中起传输电能、控制电能、监测电能等作用。

图1-3-1所示是一个最简单的电路模型。图中，电源用 E 表示，假设电源为干电池；负载用 R_L 表示，假设负载为电珠；中间环节有导线和开关。当开关闭合时，电路中有电流通过，干电池发出的电能通过中间环节传递给电珠，使电珠发亮。

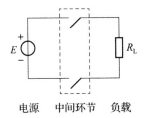

电源 中间环节 负载

图1-3-1 最简单的电路模型

2. 电流

电荷（带电粒子）在导体中有规则地运动便形成电流。电流的强弱用电流强度表示，电流强度简称为电流。若在时间 Δt 内通过导体横截面的电荷量为 ΔQ，则导体中的电流为

$$I = \lim_{\Delta t \to 0} \frac{\Delta Q}{\Delta t} = \frac{\mathrm{d}Q}{\mathrm{d}t} \tag{1.3.1}$$

项目1 检修电源系统 **15**

（1）直流电流：当电流的大小和方向都不随时间变化时，这种电流称为恒定电流或直流电流，简称为直流，直流电流一般用 DC 表示（Direct Current），符号为"—"，如图 1-3-2 中直线 1 所示。此时

$$I = \frac{Q}{t} \tag{1.3.2}$$

式中，Q 是在时间 t 内流过导体横截面的电荷量。

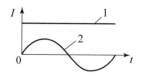

图 1-3-2　直流电流与交流电流

（2）交流电流：当电流的大小和方向都随时间作周期性变化且一周期内电流的平均值为零时，这种电流称为交流电流，简称为交流，交流电流一般用 AC 表示（Alternating Current），符号为"~"。图 1-3-2 中曲线 2 为正弦交流电流。工程机械和农业机械一般均用直流电流。在现场服务检测时，必须明确所使用的是直流电流还是交流电流。由于工程机械一般采用直流电流，所以本书只探讨直流电流。

3. 电压、电位

电荷在导体中运动需要电场力的作用。若电荷 Q 在电场力的作用下沿着导体从 a 点移到 b 点时所需要的电能为 W_{ab}，则 a 点对 b 点的电压 U_{ab} 为

$$U_{ab} = \frac{W_{ab}}{Q} \tag{1.3.3}$$

如果选择电路中的某点 O 为零电位参考点，则 a 点对 O 点的电压 U_{ao} 称为 a 点的电位，记作 U_a。零电位参考点是可以任意选取的，因此电位的高低是相对的，与设定的零电位参考点有关。当 $U_a > 0$ 时，a 点电位为正电位；当 $U_a < 0$ 时，a 点电位为负电位。电路中任意两点 a、b 间的电压 U_{ab}，也可以由这两点对零电位参考点的电位之差（电位差）来计算，有

$$U_{ab} = U_a - U_b \tag{1.3.4}$$

习惯上把高电位指向低电位的方向规定为电压的实际方向。在对复杂电路进行分析、计算时，通常很难直观地判断电压的实际方向，因此要引入参考方向的概念。在分析、计算复杂电路中某两点间的电压之前，先任意选定电压的参考方向（或正方向），然后计算这两点间的电压代数值。当计算结果为正值，即 $U > 0$ 时，表示电压的实际方向与参考方向相同；当计算结果为负值，即 $U < 0$ 时，表示电压的实际方向与参考方向相反，如图 1-3-3 所示。

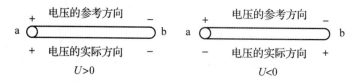

图 1-3-3　电压的参与方向与实际方向

一般地，电路中任意两点间的电压与路径无关。电压的标准单位是伏特，符号为 V；也可以用毫伏（mV）、千伏（kV）表示，有

$$1 \text{ kV} = 10^3 \text{ V}, \ 1 \text{ V} = 10^3 \text{ mV}$$

4. 电阻

1）电阻元件

电阻元件是电路中最常见的元件，它由各种导电材料做成，在电路中起限制和调节电流等作用。电阻元件中流过电流时要消耗电能，因此电阻元件是耗能元件。其实，电流流过电路中的电源、中间环节、负载时，也会消耗一定的电能，这说明电源、中间环节、负载中存在电阻元件成分。可以把电源、中间环节、负载中消耗电能的部分等效成电阻元件。电阻元件的图形符号如图 1-3-4 所示。

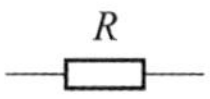

$$\overset{R}{\rule{2cm}{0pt}}$$

图 1-3-4　电阻元件的图形符号

电阻元件两端所加的电压 U 和流过该电阻元件的电流 I 的比值称为电阻元件的电阻值，简称为电阻，其计算公式为

$$R = \frac{U}{I} \tag{1.3.5}$$

电阻元件的特性可以用流过该电阻元件的电流及其两端所加的电压的关系曲线 $I = f(U)$ 来表示，曲线 $I = f(U)$ 也称为伏安特性曲线。

电阻的标准单位是欧姆，符号为 Ω；也常用千欧（$k\Omega$）、兆欧（$M\Omega$）作为电阻的单位，有

$$1\ k\Omega = 10^3 \Omega, \quad 1\ M\Omega = 10^6\ \Omega$$

在一般情况下，电阻元件的电阻随温度的变化而变化。金属电阻元件的电阻随温度的升高而增大，碳电阻元件的电阻随温度的升高而减小。

当温度一定时，电阻不随电压或电流的变化而改变的电阻元件称为线性电阻，金属电阻元件一般都是线性电阻，线性电阻的伏安特性曲线如图 1-3-5（a）所示。当温度一定时，电阻随电压或电流的变化而改变的电阻元件称为非线性电阻，如半导体二极管的正向电阻是非线性电阻，非线性电阻的伏安特性曲线如图 1-3-5（b）所示。

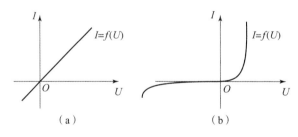

图 1-3-5　线性电阻、非线性电阻的伏安特性曲线

2）电阻的串联

将两个或两个以上电阻元件一个接一个地连接成一段无分支的电路，称为串联电路，如图 1-3-6（a）所示。

$$R = R_1 + R_2 \tag{1.3.6}$$

上式说明，串联电路的总电阻等于各串联电阻之和。串联电阻具有分压作用，且串联电阻上所分配的电压与其电阻值成正比。

3）电阻的并联

将两个或两个以上电阻元件连接在电路中的两个公共点之间，称为并联电路，如图 1-3-6（b）所示。从图中可以看出：

$$I = I_1 + I_2 \qquad (1.3.7)$$

并联电路电阻之间的关系式为

$$\frac{1}{R} = \frac{1}{R_1} + \frac{1}{R_2} \qquad (1.3.8)$$

即并联电路的总电阻的倒数等于各并联电阻的倒数之和。当只有两个电阻 R_1、R_2 并联时，有

$$R = R_1 /\!/ R_2 = \frac{R_1 R_2}{R_1 + R_2} \qquad (1.3.9)$$

而且

$$I_1 = \frac{R_2}{R_1 + R_2}I, \; I_2 = \frac{R_1}{R_1 + R_2}I \qquad (1.3.10)$$

也就是说并联电阻具有分流作用，且并联电阻上所分配的电流与其电阻值成反比，式（1.3.10）即电阻分流公式。利用并联电阻可以分流的特点，可以通过在万用电表表头两端并联电阻的方法来扩大万用表的量程。

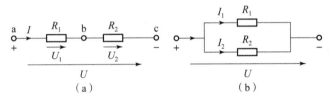

图 1-3-6　电阻的串、并联

（a）串联；（b）并联

5. 欧姆定律

在一定温度下，线性电阻元件的端电压与其流过的电流成正比，这就是欧姆定律。

图 1-3-7 中的 bc 段是只有电阻元件的一段电路，bc 段电路两端的电压为 U，流过该段电路的电流为 I。图中标示的电压 U、电流 I 的方向均为实际方向，此时欧姆定律表示为

$$I = \frac{U}{R} \qquad (1.3.11)$$

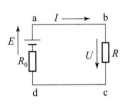

图 1-3-7　只有电阻元件的一段电路

任务实施

（1）已知：一只额定值为 220 V、100 W 的灯泡，接到电动势为 220 V、内阻为 1 Ω 的电源上。求：该灯泡的实际功率；该灯泡在一小时内产生的热量；该灯泡在一天（24 小时）内消耗的电能（度）。

（2）电压的单位是_____，电流的单位是_____，电阻的单位是_____。

（3）串联电路的总电阻与各分电阻的关系是_____。

（4）并联电路的总电阻与各分电阻的关系是_____。

任务 1.4　应用基尔荷夫定律

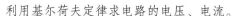

学习目标

（1）会用基尔荷夫电流定律分析电路问题；

（2）会用基尔荷夫电压定律分析电路问题；

（3）培养系统思维能力。

工作任务

利用基尔荷夫定律求电路的电压、电流。

相关知识 NEWS

基尔荷夫定律是分析、计算电路的基本定律之一，包括基尔荷夫电流定律和基尔荷夫电压定律，前者应用于节点、后者应用于回路。运用基尔荷夫定律可以简化复杂电路的分析、计算。

1. 支路、节点、回路

电路中每一段不分支的电路称为支路，一条支路流过同一电流。图 1 - 4 - 1 所示电路中共有 3 条支路，即 bafe 支路、be 支路、bcde 支路。

电路中 3 条或 3 条以上支路的连接点称为节点。图 1 - 4 - 1 所示电路中有 2 个节点，即 b 节点、e 节点。

电路中任一闭合路径称为回路。图 1 - 4 - 1 所示电路中有 3 个回路，即 abcdefa 回路、abefa 回路、bcdeb 回路。

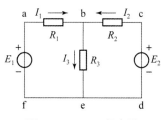

图 1 - 4 - 1　一般电路

2. 基尔荷夫电流定律（简称 KCL）

基尔荷夫电流定律是用于确定连接于同一节点的各支路电流间关系的。由于电流是由电荷的连续运动形成的，所以电路中的任一节点都不可能堆积电荷，即电流具有连续性。因此，对电路中任一节点而言，任一时刻流入某节点的电流之和等于流出该节点的电流之和，这就是基尔荷夫电流定律，它可表示为

$$\sum I_i = \sum I_0 \tag{1.4.1}$$

式中 I_i 为流入节点的电流，I_0 为流出节点的电流。根据图 1 - 4 - 1 所示电路中选定的各支路电流的正方向，列出节点 b 的 KCL 方程为

$$I_1 + I_2 = I_3$$

基尔荷夫电流定律适用于节点，也可以推广应用于包围部分电路的任一假设闭合面——广

义节点。如图 1 - 4 - 2 所示，可以将包含 A、B、C 三个节点的闭合面看成一个广义节点，容易证明在任一瞬时有

$$I_A + I_B + I_C = 0 \tag{1.4.2}$$

图 1 - 4 - 2 所示电路中 I_A、I_B、I_C 的方向为选定的正方向，不一定是实际方向。

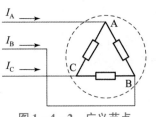

图 1 - 4 - 2 广义节点

例题 1 - 4 - 1 应用基尔荷夫电流定律计算图 1 - 4 - 3 所示电路中流过各未知元件的电流。

解： 选定流过各未知元件的电流的正方向，如图 1 - 4 - 3 所示。

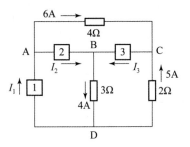

图 1 - 4 - 3 例题 1 - 4 - 1 附图

对节点 C $\qquad\qquad\qquad I_3 = 6 + 5 = 11 (\text{A})$

对节点 B $\qquad\qquad\qquad I_2 + I_3 = 4$

$$I_2 = 4 - I_3 = 4 - 11 = -7 (\text{A})$$

对节点 A $\qquad\qquad I_1 = I_2 + 6 = -7 + 6 = -1 (\text{A})$

3. 基尔荷夫电压定律（简称 KVL）

基尔荷夫电压定律是用于确定某一回路中各段电路电压间关系的。在任一瞬时，电路中每一节点对某个选定的零电位参考点都具有确定不变的电位值，即电位具有单值性。也就是说，单位正电荷沿着任一闭合回路绕行一周又回到原出发点的整个过程中，该回路的电位升之和等于电位降之和。因此，对电路中任一回路而言，电位升之和等于电位降之和，这就是基尔荷夫电压定律，它可表示为

$$\sum U_r = \sum U_f \tag{1.4.3}$$

式中 U_r 为电位升，U_f 为电位降。根据图 1 - 4 - 1 中选定的各支路电流的正方向，回路 abcdefa 的 KVL 方程为

$$E_1 + I_2 R_2 = I_1 R_1 + E_2$$

将上式改写成

$$E_1 - E_2 = I_1 R_1 - I_2 R_2$$

即

$$\sum E = \sum IR \tag{1.4.4}$$

式（1.4.4）是基尔荷夫电压定律的另一种表达形式，即以某选定绕行方向沿着任一闭合回路绕行一周，回路中所有电动势的代数和等于所有电阻上电压降的代数和。当电动势的正方向与选定绕行方向一致时，电动势取正号；反之，电动势取负号。当电阻上的电流正方向与选定绕行方向一致时，电阻上的电压降取正号；反之，电阻上的电压降取负号。在对复杂电路进行分析、计算时，常常运用式（1.4.4）。

基尔荷夫电压定律还可以推广应用于开口电路。如图 1 - 4 - 4 所示，运用式（1.4.4）可以对回路 I 列出 KVL 方程：

$$E = I_1 R_1 + I_2 R_2 + U_{oc}$$

上式中假定电路开口处两端接负载，若 I_2 的实际方向与图中的正方向相同，且计算出 U_{oc} 的值为正（上正、下负），则说明 ab 段电路确实接负载（或电位降）；若计算出 U_{oc} 的值为负，则说明 ab 段电路接电源（或电位升）。

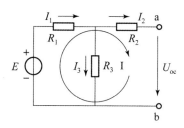

图 1 - 4 - 4　开口电路

任务实施

（1）求图 1 - 4 - 5 所示电路中的电流 i_1、i_2。

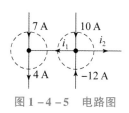

图 1 - 4 - 5　电路图

（2）应用基尔荷夫电压定律计算图 1 - 4 - 6 所示电路中各未知元件上的电压，并判断哪个元件是电源。

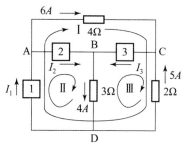

图 1 - 4 - 6　电路图

（3）求图 1 - 4 - 7 所示电路中流过 6 Ω 电阻的电流。当温度升高使该电阻值增大到 13.5 Ω 时，电流值为多大?

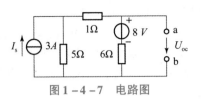

图 1-4-7 电路图

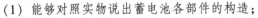

任务1.5 检修蓄电池

 **学习目标**

认识蓄电池

(1) 能够对照实物说出蓄电池各部件的构造;
(2) 能够正确识读蓄电池型号、蓄电池的铭牌;
(3) 能够对蓄电池进行充电;
(4) 能够利用蓄电池的工作原理,对工程机械蓄电池相应故障现象进行诊断并维修;
(5) 树立"安全第一"的工作理念。

工作任务

某客户反映其挖掘机蓄电池亏电严重,请帮该客户进行故障诊断与排除。

相关知识

1. 蓄电池的用途

由图1-5-1可见,蓄电池与交流发电机并联,同属于工程机械的电源系统,其用途有以下几方面。

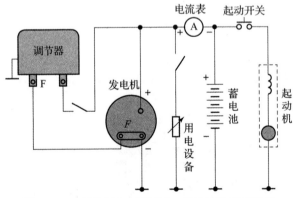

图1-5-1 蓄电池、调节器、发电机的连接电路

(1) 起动发动机。向起动机、点火系统、电子燃油喷射系统和工程机械的其他电气设备供电。
(2) 备用供电。当发动机低速运转时,向用电设备和发电机磁场绕组供电。
(3) 储存电能。当发动机中、高速运转时,将发电机的剩余电能转化为化学能储存起来。
(4) 协同供电。当发电机过载时,协助发电机向用电设备供电。
(5) 稳定电源电压,保护电气设备。

学习笔记

蓄电池相当于一个大电容器，它能吸收电路中出现的瞬时过电压，保护电子元件，保持工程机械电气系统电压稳定。

2. 蓄电池的构造

现代工程机械所用的蓄电池多为铅酸蓄电池，它是在盛有稀硫酸的容器中插入两组极板而构成的电能储存器。它由极板、隔板、电解液、外壳等部分组成。容器分为3格或6格，每格里装有电解液，正、负极板组浸入电解液中成为单格电池。每个单格电池的标称电压为2 V，3个单格电池串联起来成为6 V蓄电池，6个单格电池串联起来成为12 V蓄电池。蓄电池的构造如图1-5-2所示。

铅酸蓄
电池结构

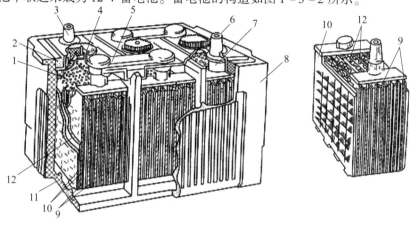

（a） （b）

图1-5-2 蓄电池的构造

（a）整体结构；（b）单格结构

1—护板；2—封料；3—负极接线柱；4—加液孔螺塞；5—连接条；6—正极接线柱；7—电池衬套；8—外壳；9—正极板；10—负极板；11—肋条；12—隔板

1）极板

极板是蓄电池的基本部件，由它接受充入的电能和向外释放电能。极板分为正极板和负极板两种。如图1-5-3所示，正极板上的活性物质是二氧化铅，呈棕红色；负极板上的活性物质是海棉状纯铅，呈青灰色。蓄电池在充电与放电过程中，电能与化学能的相互转换是依靠极板上的活性物质和电解液发生化学反应来实现的。正、负极板上的活性物质分别填充在铅锑合金铸成的栅架上。

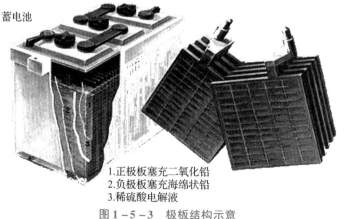

1.正极板塞充二氧化铅
2.负极板塞充海绵状铅
3.稀硫酸电解液

图1-5-3 极板结构示意

为减小蓄电池的内阻，改善起动性能，现代工程机械所用的蓄电池采用放射型栅架。

2）隔板

隔板的作用是绝缘隔离。其特点是有很多微孔，一面平整，一面有沟槽。

为了减小蓄电池内部尺寸和蓄电池的内阻，蓄电池内部正、负极板应尽可能靠近。但是，为了避免正、负极板相互接触而短路，正、负极板之间要用绝缘的隔板隔开，如图 1-5-4 所示。隔板材料应具有多孔性结构，以便电解液自由渗透，而且其化学性能应稳定，具有良好的耐酸性和抗氧化性。常见的隔板材料有木材、微孔塑料、玻璃纤维纸浆和玻璃丝棉等几类。

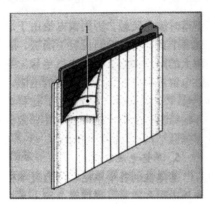

图 1-5-4　隔板结构示意

隔板为一厚度小于 1 mm 的长方形的薄片，其长和宽均比极板略大一点，成形隔板的一面有特制的沟槽。安装隔板时，应将带沟槽的一面竖直朝向正极板。

3）电解液

铅酸蓄电池的电解液由密度为 1.84 g/cm³ 的浓硫酸和蒸馏水配制而成，密度一般为 1.24～1.31 g/cm³，使用时根据当地的最低气温或制造厂的要求进行选择。蓄电池的电解液要用规定的蓄电池专用浓硫酸和蒸馏水配制。

4）外壳及其他

蓄电池的外壳材料为沥青橡胶或耐酸塑料。后者具有体积小、质量小、耐腐蚀、可塑性高、透明、美观等优点，它在现代小型工程机械上广泛应用。

3. 蓄电池的型号

按照 GB5008.2 的规定，国产蓄电池的型号由以下 3 部分组成。

$$\boxed{\text{串联单格电池数}} \quad \boxed{\text{蓄电池的类型和特征}} \quad \boxed{\text{额定容量}}$$

（1）串联单格电池数用阿拉伯数字表示，每个单格电池的额定电压为 2 V。

（2）蓄电池的类型和特征用汉语拼音字母表示。如起动型铅酸蓄电池用"Q"表示，即汉字"起"的拼音首字母。

蓄电池的特征为附加部分，仅在同类用途的产品具有某种特征，在型号中又必须加以区别时才采用。当产品同时具有两种特征时，应按表 1-5-1 所示顺序将两个代号并列标示。

表 1-5-1　常见蓄电池产品特征代号

序号	1	2	3	4	5
产品特征	干荷电	湿荷电	免维护	少维护	密封式
代号	A	H	W	S	M

（3）额定容量用阿拉伯数字表示。20 h 放电率的一片正极板设计容量为 15 Ah。

（4）在产品具有某些特殊性能时，可在型号的末尾加注相应的代号。例如：G 表示高起动率；S 表示塑料外壳；D 表示低温起动性能。

例如：蓄电池的型号 6—QA—105 的各部分含义如下。

6——蓄电池由 6 个单格电池串联而成，额定电压是 12 V；

Q——起动型；

A——干荷电蓄电池；

105——20 h 放电率额定容量是 105 Ah。

（5）进口蓄电池的容量规格。

进口蓄电池的容量规格是美国蓄电池理事会（BCI）和美国汽车工程师学会（SAE）联合制定的。它由储备容量（RC）和冷起动性两个参数组成。

储备容量是指完全充足电的 12 V 蓄电池，在 (25 ± 2)℃ 的条件下，以 25 A 恒流放电至蓄电池端电压下降到 (10.5 ± 0.05)V 的放电时间。

冷起动性指的是冷起动电流（CCA）在规定的某一低温状态下（通常规定为 0 ℉ 或 –17.8 ℃）蓄电池在电压降至极限馈电电压（7.2 V）前，连续 30 s 释放出的电流量。

4. 蓄电池的充电

蓄电池的充电方法可分为定流充电、定压充电和脉冲快速充电 3 种，在实际使用时应根据具体情况正确选择充电方法。

1）定流充电

在充电过程中，使充电电流保持恒定的充电方法，称为定流充电。在定流充电过程中，由于蓄电池的电动势随充电时间的增加而升高，所以需要逐步提高充电电压，才能保持充电电流恒定。当单格电池电压上升到 2.4 V，电解液中开始有较多的气泡冒出时，应将充电电流减半，直到完全充电为止。

采用这种充电方法，不论 6 V 或 12 V 铅酸蓄电池均可串联在一起，如图 1 – 5 – 5（a）所示。但必须指出，串联的各个蓄电池的容量应尽量相同，否则充电电流应以小容量蓄电池计算。当小容量蓄电池充足电后应随即摘除，再继续给大容量蓄电池充电。

定电流充电具有较大的适应性，可以任意选择和调整充电电流的大小，因此可以对不同情况及状态下的蓄电池充电，例如新蓄电池的初充电、使用中蓄电池的补充充电、蓄电池的去硫化充电等。定流充电的不足之处在于充电时间长，且需要经常调整充电电流的大小。

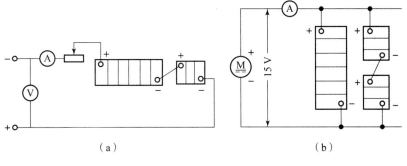

（a）　　　　　　　　　　　　　（b）

图 1 – 5 – 5　定流、定压充电中蓄电池的连接

（a）定流充电；（b）定压充电

2）定压充电

蓄电池在充电过程中，直流电源的电压保持恒定的充电方法称为定压充电。被充电蓄电池的连接方式如图 1-5-5（b）所示。工程机械在工作过程中即采用这种充电方法。

定压充电时，充电电流很大，充电开始之后 4~5 h 内蓄电池就可以获得本身容量的 90%~95%，因此可以大大缩短充电时间。进行定压充电时，应注意选择充电电压，充电电压过高会造成充电初期充电电流过大和发生过充电现象，造成极板损坏；电压过低则会使蓄电池充电不足。一般单格电池充电电压定为 2.5 V，即蓄电池的充电电压应为（14.80 ± 0.05）V（6 个单格电池）或（7.40 ± 0.05）V（3 个单格电池）。此外，充电初期最大充电电流不应超过 0.3C 20 A，否则应适当调低充电电压，待蓄电池的电动势升高后再将充电电压调整到规定值。

定压充电的充电时间短，在充电过程中不需要人照管，因此适用于蓄电池的补充充电，在工程机械修理行业中被广泛采用。定压充电不能调整充电电流的大小，因此适应性较小，且不能将蓄电池完全充电，故只适用于蓄电池的补充充电。定压充电要求所有参与充电的蓄电池的电压必须完全相同。

3）脉冲快速充电

脉冲快速充电是铅酸蓄电池充电技术上的新发展。其充电特点是，先采用 0.8~1 倍额定容量的较大电流进行定流充电，使蓄电池在较短的时间内充至额定容量的 50%~60%，当单格电池电压升高到 2.4 V，电解液中开始冒气泡时，由控制电路进行控制，开始进行脉冲充电。脉冲电流的波形如图 1-5-6 所示。先停止充电 25~40 ms，接着进行放电或反充电，使蓄电池通过一个与充电电流方向相反的较大的脉冲电流，一般此电流为 1.5~3 倍的充电电流，时间为 150~1 000 μs，接着停止放电 25 ms，以后充电过程一直按"正脉冲充电—停充—负脉冲放电—停充—正脉冲充电"的循环进行，直到充足电为止。

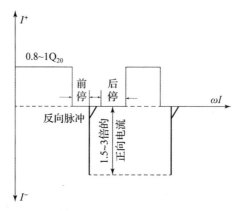

图 1-5-6　脉冲电流的波形

脉冲快速充电具有以下优点。

（1）充电时间大为缩短。脉冲快速充电去除了极板硫化，使充电速度加快，在一般情况下，初充电时间不多于 5 h，补充充电时间不多于 1 h。

（2）可增加蓄电池的容量。脉冲快速充电能够去除极化，充电时的化学反应充分，且加大了化学反应的深度，因此蓄电池的容量有所增加。新蓄电池初充电后，不必放电即可使用。

（3）去极板硫化效果较好。脉冲快速充电去极板硫化一般只需要 4~5 h，且效果良好。

在电池集中、充电频繁或应急使用部门，脉冲快速充电的优点更为突出。进行脉冲快速充电时，蓄电池析出的气体总量虽然减少，但出气率高，它对极板活性物质的冲刷能力强，使活性物质易于脱落，对蓄电池的使用寿命有一定的影响。同时，脉冲快速充电机控制电路复杂，价格高于普通充电机，使用还不够理想，有待进一步改进。

5. 蓄电池的使用与维护

为了使蓄电池经常处于完好状态，延长其使用寿命，在蓄电池的使用及维护方面要做好以下工作。

（1）定期检查蓄电池安装是否牢固，线夹与极桩的连接是否牢固，并及时清除线夹和极桩上的氧化物。在其表面涂上凡士林或黄油以防止氧化。

（2）经常检查蓄电池表面是否清洁，应及时清除灰尘、油污、电解液等脏物。疏通加液孔盖上的通气小孔。

（3）定期检查电解液的液面高度，电解液的液面一般应高出极板 10 ~ 15 mm，电解液的液面过低时应及时补充蒸馏水。除非确知电解液的液面降低是电解液溅出所致，否则一般不允许加注硫酸溶液。

（4）检查蓄电池的放电程度，如果放电程度在冬季超过 25%，在夏季超过 50%，就应立即对蓄电池进行补充充电。

（5）定期对蓄电池进行补充充电，不考虑蓄电池放电程度强制性进行补充充电，以保证蓄电池始终保持充足电状态，避免极板硫化。一般每月补充充电一次。城市公共汽车可短一些，而长途运输车可长一些。

（6）连接蓄电池时，应细心查明极性，以免接错。

（7）拆卸蓄电池时，始终要先拆负极（搭铁）线缆。

（8）千万不要把工具放在蓄电池上，它们可能同时触及两个极桩，使蓄电池短路而引起事故。

6. 蓄电池技术状况的检查

1）蓄电池外观的检查

检查蓄电池最直观的方法就是观察指示灯的颜色，如果是绿色说明满电；如果是黑色说明无电，需充电；如果是白色说明已经无电解液，需报废。

2）电解液液面高度的检查

如图 1-5-7 所示，可用玻璃管测量电解液液面高度。对于采用工程塑料容器的蓄电池，可以从蓄电池容器的侧面观察电解液液面高度。为了便于观察，一些蓄电池容器侧面刻有电解液液面高度指示线，一般电解液液面应高出极板上沿 15 mm，或处于电解液液面高度指示线规定的范围中。

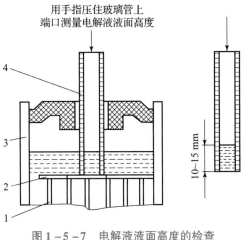

图 1-5-7 电解液液面高度的检查

1—极板；2—极板防护片；3—容器壁；4—玻璃管

3）蓄电池放电程度的检查

（1）测量电解液密度法。

通过测量电解液密度可以得知蓄电池的放电程度。电解液密度可用专用的密度计测量，如图 1-5-8 所示。在测量电解液密度时，应同时测量电解液温度，并将测得的电解液密度转换成 25 ℃下的状态进行修正。根据实际经验，电解液密度每下降 0.01 g/cm³，就相当于蓄电池放电 6%。

通过测量每个单格电池的电解液密度就可以确定蓄电池是否失效。若单格电池电解液密度的测量结果的最高值和最低值相差超过 0.050 g/cm³，则说明蓄电池已失效。当所有的单格电池具有相同的电解液密度时，即使电解液密度都偏低，通常此蓄电池也可以通过补充充电得到再生。

（2）用高率放电计测量放电电压。

如图 1-5-9 所示，高率放电计是一种利用接入与起动机相当的负荷电阻，测量蓄电池大电流放电时的端电压来判断蓄电池的放电程度和起动能力的仪器。

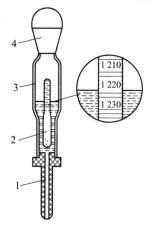

图 1-5-8　测量电解液密度

1—吸嘴；2—密度计；3—玻璃管；4—橡皮球

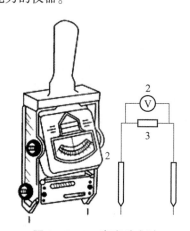

图 1-5-9　高率放电计

1—放电叉；2—电压表；3—放电电阻

测量时将高率放电计的两个叉尖紧紧地压在单格电池的正、负极桩上，保持 5 s，电压表的读数就是大负荷放电情况下蓄电池所能保持的端电压。技术状况良好的蓄电池，用高率放电计测量时，单格电压应在 1.5 V 以上，并且在 5 s 内保持稳定。其中，读数在 1.75 V 以上说明单格电池完好，读数为 1.75~1.5 V 表明放电较多，应进行补充充电。如果在 5 s 内单格电池电压迅速下降到 1.5 V 以下，或者蓄电池中的一个单格电池电压比其余单格电压低 0.1 V 以上，则说明该单格电池有故障，应进行修理。

表 1-5-2 所示为 100 A 的高率放电计测得的单格电池电压与放电程度的对照

表 1-5-2　用 100 A 的高率放电计测得的单格电池电压与放电程度的对照

用高率放电计（100 A）测得的单格电池电压/V	蓄电池的放电程度/%
1.7~1.8	0
1.6~1.7	25
1.5~1.6	50
1.4~1.5	75
1.3~1.4	100

7. 蓄电池的常见故障及排除方法

1）自行放电

充足电的蓄电池放置不用，会逐渐失去电量，这种现象称为自行放电。

故障现象：蓄电池放置几天后，在无负荷的情况下，储电量自行明显下降，甚至完全无电。

主要原因如下。

（1）电解液不纯，有杂质。杂质与极板之间以及沉附于极板上的不同杂质之间形成电位差，通过电解液产生局部放电。

（2）蓄电池表面脏污，造成轻微短路。

（3）极板上活性物质脱落，下部沉积物过多，使极板短路。

（4）蓄电池长期放置不用，硫酸下沉，从而造成下部密度比上部密度大，极板上、下部产生电位差，引起自行放电。

故障排除方法如下。

先将蓄电池全部放电或过放电，使极板上的杂质进入电解液；倒出电解液，清洗几次；最后加入新配制的电解液（配制电解液必须用蓄电池专用硫酸和蒸馏水）。蓄电池充足电后如仍有自行放电现象，则重复上述步骤，直到排除故障。

2）极板硫化

蓄电池长期处于放电状态或者充电不足，会在极板上逐渐生成一层白色的粗晶粒的硫酸铅，正常充电时，不能转化成 PbO_2 和 Pb，称为硫酸铅硬化，简称硫化。

这种粗晶粒的硫酸铅极易堵塞极板孔隙，使电解液渗入困难，电池容量下降，又由于硫化层导电性能差，内阻大，所以蓄电池的起动性能和充电性能明显下降。

故障现象：蓄电池长期充电不足或放电后长期放置，极板上生成一层白色的粗晶粒的硫酸铅，这种物质很难在正常充电时溶解还原。充电时，单格电池电压迅速上升到 2.8 V 左右，电解液密度上升不明显，且过早出现"沸腾"现象。

主要原因如下。

（1）充电不足的蓄电池长期放置，当温度升高时，极板上一部分硫酸铅溶于电解液中，在温度下降时，溶解度随之降低，部分硫酸铅再结晶成粗大颗粒的硫酸铅附在极板上，使之硫化。

（2）蓄电池内电解液量不足，使极板一部分外露在空气中遭到氧化，生成粗晶粒的硫酸铅，从而使极板硫化。

（3）电解液密度过高或电解液不纯、气温变化大都能使极板硫化。

排除方法如下。

如果极板硫化不严重，可用去极板硫化的充电方法进行充电。如果硫化严重，蓄电池应予以报废。

3）内部短路

故障现象：蓄电池开路时端电压过低，起动机运转无力。充电时，温度高，电压低，电解液密度低，充电末期气泡较少或产生气泡太晚。

主要原因如下。

（1）因隔板损坏而漏电或短路。

（2）蓄电池底部沉淀太多而将极板短路。

故障排除方法如下。

若隔板损坏造成短路，则应拆开蓄电池，更换隔板。若蓄电池底部沉淀太多造成短路，则可将蓄电池放电完全，倒出电解液，用蒸馏水反复清洗后，注入新配制的电解液后再充电。

4）活性物质脱落

故障现象：充电时，电解液"沸腾"并能见到褐色物质自底部上升到表面。

主要原因如下。

（1）经常长时间大电流放电，如起动机使用过于频繁、每次起动时间过长等引起过度放电。

（2）充电时电解液温度过高、充电电压过高导致过充电。

（3）电解液密度经常过大，对极板栅架产生强腐蚀。

故障排除方法如下。

将蓄电池解体，反复清洗，检查活性物质脱落情况。若活性物质脱落较少，则可以继续充电使用，若活性物质脱落严重，则更换新极板，重新组装使用。

蓄电池一般故障原因及处理方法见表1-5-3。

表1-5-3　蓄电池一般故障原因及处理方法

种类	现象	原因	处理方法	责任
充电不足	1. 蓄电池电压在 12 V 以下 2. 车辆起动困难 3. 启动试验仪测定时指针在黄色或红色区	1. 车辆电压调节器设定值太低 2. 车辆电器负载大于充电量 3. 车辆怠速行驶、夜间行驶或用电负荷超载 4. 超动次数多而行驶距离短 5. 发动机传动皮带松弛或电路故障 6. 蓄电池极柱使用的接线柱或线束被腐蚀	1. 调整电器配置 2. 调整充电电压 3. 蓄电池补充充电	Z
过充电	1. 外壳变形鼓肚 2. 充电时气孔喷酸 3. 极板铅粉易脱落	1. 车辆电压调节器设定值过高 2. 补充充电时间过长 3. 补充充电时，充电电压过高（超过16.2 V）	1. 调整充电电压 2. 换新蓄电池	Z
过放电	1. 蓄电池电压在 12 V 以下 2. 车辆不能起动 3. 启动试验仪测定时指针在黄色或红色区	1. 车辆充电电路故障 2. 车辆充电电路短路 3. 车辆不使用时，电器负荷未关闭 4. 车辆长时间停驶，未拆卸负极连线	1. 蓄电池补充充电 2. 维修车辆 3. 若车辆长时间停驶，则拆卸负极连线	Z
短路	1. 蓄电池电压为 10 V 左右 2. 蓄电池不存电	蓄电池内部制造缺陷	换新蓄电池	△
断路	1. 蓄电池电压不稳定 2. 蓄电池放电时，电压为 0 V 3. 补充充电时无法充电或电解液温度升高	蓄电池内部制造缺陷	换新蓄电池	Z △

种类	现象	原因	处理方法	责任
逆充电	1. 蓄电池电压为负值 2. 正、负极色泽相反	补充充电时正、负极连接错误	换新蓄电池	Z
蓄电池爆裂	蓄电池槽爆裂并有硫酸溅出	火花 1. 蓄电池内部焊接不良或短路导致产生火花或高热，引燃蓄电池内部的可燃性氢氧混合气体 2. 外部端子短路 3. 蓄电池过充电 4. 排气孔阻塞	换新蓄电池	Z △

注：△表示故障由制造方造成，Z 表示故障由用户操作不当造成。

任务实施

（1）蓄电池的结构。

图 1 - 5 - 10 所示是蓄电池的结构，请标出每个部件的名称。

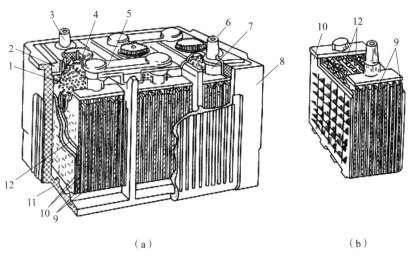

（a）　　　　　　　　　　　　　　　（b）

图 1 - 5 - 10　蓄电池的结构

1—_____；2—_____；3—_____；4—_____；5—_____；6—_____；
7—_____；8—_____；9—_____；10—_____；11—_____；12—_____

（2）在实训室中找出蓄电池，并说出其类型和结构特点。

蓄电池 1：

类型：_____

结构特点：_____

蓄电池 2：

类型：_____

结构特点：_____

（3）根据蓄电池的说明书填写表 1 - 5 - 4。

表 1 – 5 – 4　蓄电池信息

蓄电池	电压	额定容量	型号	生产厂家	生产日期
蓄电池 1					
蓄电池 2					

（4）蓄电池的检测。

①用电压表测量蓄电池极间电压，如图 1 – 5 – 11 所示。

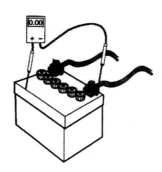

图 1 – 5 – 11　蓄电池极间电压的测量

自己动手用电压表测量蓄电池线缆与极柱之间的电压，并将测量值填入表 1 – 5 – 5。

表 1 – 5 – 5　蓄电池线缆与极柱之间的电压

正极与线缆之间的电压	
负极与线缆之间的电压	

②用电压表测量蓄电池负极柱与壳体之间的电压。

自己动手用电压表检测负极柱与壳体之间的电压，并将测量值填入表 1 – 5 – 6。

表 1 – 5 – 6

负极柱与壳体之间的电压	

③用电压表测量蓄电池开路电压。

自己动手用电压表测量两极柱之间的电压（图 1 – 5 – 12），并将测量值填入表 1 – 5 – 7。

表 1 – 5 – 7　蓄电池开路电压

蓄电池序号	电压	充满电	欠充电
蓄电池 1			
蓄电池 2			
蓄电池 3			
蓄电池 4			

④使用高率放电计测量蓄电池的容量。

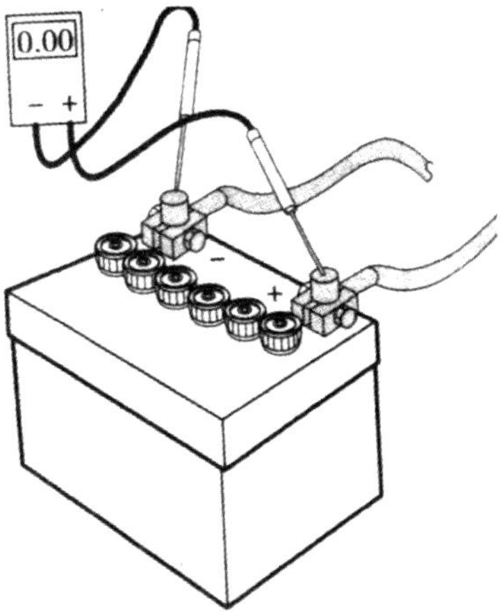

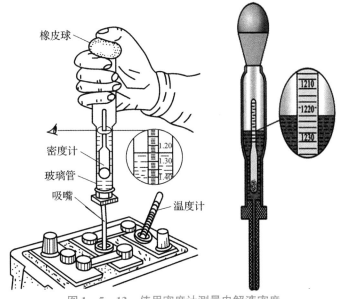

图 1 – 5 – 12　蓄电池两极柱间电压的测量

⑤使用密度计测量电解液密度，如图 1 – 5 – 13 所示，并将测量值填入表 1 – 5 – 8。

橡皮球

密度计
玻璃管
吸嘴
温度计

图 1 – 5 – 13　使用密度计测量电解液密度

表 1 – 5 – 8　电解液密度

单格电池序号	密度数值
单格电池 1	
单格电池 2	
单格电池 3	
单格电池 4	
单格电池 5	
单格电池 6	
蓄电池状态	

通过以上测量，判断蓄电池的状态，填入表 1 – 5 – 9。

表 1 – 5 – 9　蓄电池的状态

蓄电池序号	充满电	欠充电	报废
蓄电池 1			
蓄电池 2			
蓄电池 3			
蓄电池 4			

（5）写出蓄电池亏电严重故障判断流程。

（6）检查全车漏电修复质量。

（7）对欠充电的蓄电池进行充电。

（8）评估。

任务 1.6　检修交流发电机

学习目标

（1）能够对照实物说出交流发电机各部件的构造；

（2）能够正确识读交流发电机的型号、交流发电机的铭牌；

（3）能够将交流发电机与蓄电池进行连接；

（4）能够利用交流发电机的工作原理，对工程机械交流发电机相应故障现象进行诊断并维修；

（5）树立"安全第一"的工作理念；

（6）培养系统思维能力。

工作任务

客户反映某挖掘机的交流发电机不发电，请帮该客户进行故障诊断与排除。

相关知识

1. 发电机的作用

发电机、调节器、蓄电池的连接电路如图 1 – 5 – 1 所示。由图可见，发电机在发动机正常运转时（急速以上），向所有用电设备（起动机除外）供电，同时对蓄电池充电。

交流发电机

2. 发电机的构造

目前在工程机械上装备的交流发电机的结构基本相同，其主要由转子，定子，整流器及前、后端盖等组成。图 1-6-1 所示为 JF132 型交流发电机的组件。

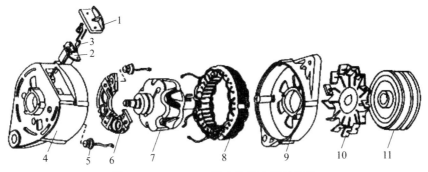

图 1-6-1 JF132 型交流发电机的组件

1—后端盖；2—电刷架；3—电刷；4—电刷弹簧压盖；5—硅整流二极管；
6—散热板；7—转子；8—定子；9—前端盖；10—风扇；11—皮带轮

1）转子

转子的作用是产生旋转磁场。

交流发电机的转子主要由 2 块爪极、磁场绕组、滑环及转子轴以及其他部件等组成，如图 1-6-2 所示。

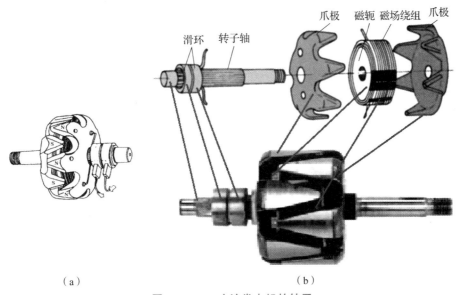

（a）   （b）

图 1-6-2 交流发电机的转子

（a）交流发电机转子的整体结构；（b）交流发电机转子各部件的结构

2 块爪极被压装在转子轴上，且内腔装有磁轭，其上绕有磁场绕组。磁场绕组两端的引线分别焊在与轴绝缘的两个滑环上。两个电刷装在与端盖绝缘的电刷架内，通过弹簧力使其与滑环保持接触。当交流发电机工作时，2 个电刷与直流电源连通，可为磁场绕组提供定向电流并产生轴向磁通。2 块爪极被分别磁化为 N 极和 S 极，从而形成犬牙交错的磁极对并沿圆周方向均匀分布。磁极对数可为 4 对、5 对和 6 对，我国设计的交流发电机的磁极对数多为 6 对。由于爪极凸缘的外形极像鸟嘴，故当交流发电机工作时，可在定子铁芯内部形成近似正弦变化的交变磁场。

2）定子

定子的作用是产生三相交流电动势。

当转子转动时，定子线圈切割旋转磁场的磁力线而产生三相交流电动势。

定子又称为电枢，如图1-6-3所示。定子由定子铁芯和定子绕组组成。定子铁芯一般由一组相互绝缘且内圆带有嵌线槽的环状硅钢片或低碳钢板叠成，定子槽内嵌有三相对称绕组。三相绕组的连接方法可分星形接法和三角形接法。星形接法是把交流发电机的三相绕组尾端短接形成中性点（N），然后首端与外部的整流器二极管连接。三角形接法是把交流发电机的三相绕组首尾连接。目前工程机械用交流发电机多采用星形接法，只有少数大功率交流发电机采用三角形接法。

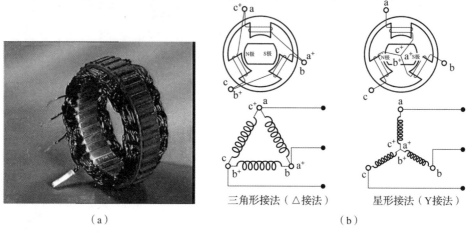

（a）

三角形接法（△接法）　　星形接法（Y接法）

（b）

图1-6-3　交流发电机的定子

（a）定子绕组与铁芯；（b）定子绕组接法

为了在三相绕组中产生大小相同、频率相同，且相位相差120°的对称电动势，其绕法应遵循以下原则。

（1）每相绕组的线圈个数及每个线圈的匝数必须完全相等。

（2）每个线圈的节距必须相等。

（3）三相绕组的首端a、b、c在定子槽内的排列必须间隔120°电角度。

3）整流器

整流器的作用：①将定子绕组产生的三相交流电转换为直流电；②阻止蓄电池电流向交流发电机倒流，避免烧坏交流发电机。

交流发电机的整流器，其最基本的结构是由6只硅整流二极管组成。如图1-6-4所示，硅整流二极管通常直接压装在散热板上或交流发电机后端盖上。其中压装在散热板上的3只硅整流二极管，其引线为正极，外壳为负极，俗称"正极管子"，管壳底部一般涂有红色标记；压装在后端盖上的硅整流二极管与上述情况恰相反，俗称"负极管子"，为区别起见，管壳底部一般涂有黑色标记。采用上述结构形式，维修时多有不便，故新型的交流发电机将6只硅整流二极管分别压装在不同的散热板上。

散热板通常由铝合金制成以利于散热，它与后端盖以用尼龙或其他绝缘材料制成的垫片隔开且固定在后端盖上，并用螺栓引至后端盖外部作为交流发电机的电源输出端，并标记为"B"（"＋""A"或"电枢"）。

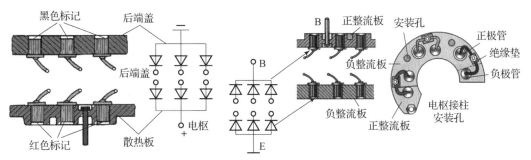

图 1-6-4 6 只硅整流二极管的安装示意

硅整流二极管命名符号的含义如图 1-6-5 所示。

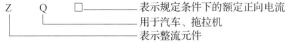

图 1-6-5 硅整流二极管命名符号的含义

例如 ZQ10 表示为汽车用硅整流二极管，额定正向电流为 10 A。

4）端盖与电刷总成

前、后端盖均由铝合金压铸或用砂模铸造而成，如图 1-6-6 所示。这是因为铝合金为非导磁材料，可减少漏磁并具有轻便、散热性能良好等优点。为了提高轴承孔的机械强度，增加其耐磨性，有的交流发电机端盖的轴承座内镶有钢套。后端盖上装有电刷总成。前、后端盖上均有通风口，交流发电机转动时风扇能使空气高速流经交流发电机内部进行冷却。

后端盖上装有电刷架组件，电刷架组件的作用主要是将直流电通过集电环引入磁场绕组。它由酚醛玻璃纤维塑料模压而成或用玻璃纤维增强尼龙制成。两个电刷分别装在电刷架的孔内，借弹簧压力与滑环保持接触。目前国产交流发电机的电刷架有两种结构形式：一种电刷架可直接从交流发电机外部进行拆装 [图 1-6-7（a）]；另一种则不能直接在交流发电机外部进行拆装 [图 1-6-7（b）]，若需要换电刷，必须将交流发电机拆开，故这种结构的电刷架将逐渐被淘汰。

（a）　　　　　　　（b）

图 1-6-6 交流发电机的前、后端盖

（a）前端盖；（b）后端盖

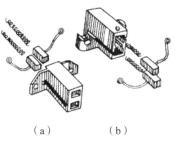

（a）　　　　　　　（b）

图 1-6-7 电刷架的结构

（a）能从外部拆装；（b）不能从外拆装

交流发电机有内、外搭铁之分，故电刷引线的接法也有所不同。对于内搭铁的交流发电机，磁场绕组直接通过交流发电机的外壳搭铁，故其中一根引线接至后端盖上的磁场接线柱"F"（或"磁场"），另一根则直接与交流发电机外壳上的搭铁接线柱"－"（或"搭铁"）连接。外搭铁的交流发电机的磁场绕组必须通过调节器后（外部）再搭铁，故电刷引线必须分别与交流发电机后端盖"F$_+$"（或 D$_{F+}$）和"F$_-$"（或 D$_{F-}$）接线相连。

交流发电机的前端装有皮带轮，其后端装有叶片式风扇，前、后端盖上分别有出风口和进风口。当发动机的曲轴驱动皮带轮旋转时，可使空气高速流经交流发电机内部进行冷却。有些新型的交流发电机，为了提高散热强度，特将风扇叶片直接做在转子上，以实现风扇转子一体化，从而有效提高了交流发电机的比功率。

5）无刷交流发电机的构造特点

普通交流发电机因为具有电刷和滑环，长期使用后，滑环与电刷的磨损、烧蚀等现象会造成励磁不稳定或不发电等故障。而采用无刷交流发电机，由于转子上没有励磁线圈，故省去了滑环和电刷，使结构简单，减少了故障，提高了工作可靠性，并且无刷交流发电机可在潮湿和灰尘较多的特殊场合下使用，对环境的适应性强。无刷交流发电机有多种形式，通常可分为爪极式无刷交流发电机、带有励磁机的无刷交流发电机和永磁式无刷交流发电机 3 种类型。

（1）爪极式无刷交流发电机。

爪极式交流发电机在结构上与硅整流交流发电机大致相同，其结构如图 1－6－8 所示。

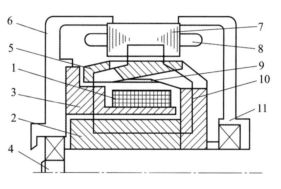

图 1－6－8　爪极式交流发电机的结构

1—转子轴；2—磁轭；3—托架；4—磁场绕组；5—爪极；6—后端盖；
7—定子铁芯；8—定子绕组；9—非导磁连接环；10—爪极；11—前端盖

爪极式无刷交流发电机与硅整流交流发电机不同的是磁场绕组 4 通过托架 3 固定在后端盖上。由于磁场绕组不随转子轴旋转，故可不通过电刷和滑环直接与外接电源相连。从图中还可看到，只有爪极 S 固定在发电机的转轴上，而爪极 N 则利用非导磁连接环 9 固定在爪极 S 上。当发电机工作时，转子轴可带动两个爪极同步旋转。

爪极式无刷交流发电机的工作原理与硅整流交流发电机也大致相同。当直流电通过磁场绕组时，会产生励磁过程，爪极被同时磁化，其磁路为：磁极 N→主气隙→定子铁芯→主气隙→磁极 S→磁轭 2→附加气隙→托架 3→附加气隙→磁极 N。当转子轴带动爪极旋转时，在定子铁芯中可产生交流磁场，导致三相定子绕组中感应出交流电动势，形成三相交流电，经整流后变成直流电输出。

爪极式无刷交流发电机的缺点是爪极连接处的制造工艺较高，由于附加气隙的存在，磁路的损失较大，则在输出功率相同的情况下，必须增大磁场的励磁能力，即通过增大励磁电流或增加磁场绕组匝数的方法来保证励磁能力。

（2）带有励磁机的无刷交流发电机。

图 1-6-9 所示为德国波许公司生产的 T4 型带有励磁机的无刷交流发电机的结构，其主要由爪极式无刷交流发电机和小型硅整流交流发电机组成。小型硅整流交流发电机又称为励磁机，其结构又不同于一般的车用硅整流交流发电机。励磁机的定子线圈为磁场绕组，而三相电枢绕组被安装在转子上，电枢旋转所产生的三相交流电由二极管整流变为直流电后，单独用来为爪极式无刷交流发电机励磁发电。

较爪极式无刷交流发电机而言，带有励磁机的无刷交流发电机的输出功率较大，其缺点是结构比较复杂，故仅在需要大功率输出时采用。我国生产的交流发电机中，目前尚无此种类型。

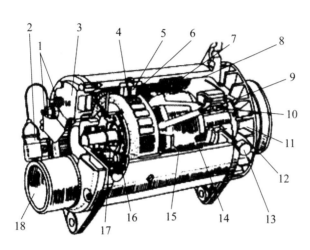

图 1-6-9　带有励磁机的无刷交流发电机

1—接线柱；2—抑制电容；3—晶体管调节器；4—转子部分；5—磁极；6—磁场绕组；
7—定子铁芯；8—定子绕组；9—驱动端盖；10—油封；11—风扇；12—油道；13—油环；
14—爪极式转子；15—磁场绕组；16—二极管；17—散热板；18—进风口

（3）永磁式无刷交流发电机。

永磁式无刷交流发电机是利用永久磁铁代替磁场绕组产生旋转磁场，故具有结构简单可靠、使用寿命长等特点。除转子外的其他部分同普通交流发电机基本相同。

转子的结构与永久磁铁的材料、加工工艺及最高使用转速有很大关系，且对发电机的性能、外型尺寸、工作可靠性等均有影响。常用的永磁材料有铁氧体、铝镍钴、稀土钴和钕铁硼等。其中钕铁硼为第四代超强永磁材料，具有较大的剩磁和矫顽力，是一种比较理想的永磁材料。钕铁硼用于发电机后，可有效提高发电机的磁负荷，减小发电机的体积及质量，因此转子磁极可采用结构性能较好的瓦片式结构，并用环氧树脂粘在导磁轭上，磁极之间呈鸽尾型，用胶填充，其结构如图 1-6-10 所示。

由于永磁式无刷交流发电机的磁场无法进行调节，故不能采用普通交流发电机控制磁场电流的方法来调节发电机的输出电压，但可采用图 1-6-11 所示的方法对发电机的输出电压进行调节。

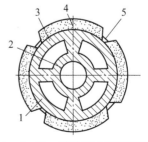

图 1-6-10　钕铁硼永磁转子结构

1—导磁轭；2—转轴；3—通风口；
4—永磁体；5—环氧树脂胶

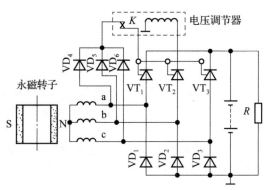

图 1-6-11　永磁式无刷交流发电机整流电路及电压调节电路

3. 交流发电机的型号

根据中华人民共和国汽车行业标准 QC/T73-1993 汽车电气设备产品型号编号方法的规定，工程机械交流发电机的型号如下。

1	2	3	4	5

1 为产品代号。交流发电机的产品代号有 JF、JFZ、JFB、JFW 四种，分别表示交流发电机、整体式交流发电机、带泵交流发电机和无刷交流发电机。

2 为电压等级代号。用 1 位阿拉伯数字表示，1 表示 12 V，2 表示 24 V，6 表示 6 V。

3 为电流等级代号。用 1 位阿拉伯数字表示，其含义见表 1-6-1。

4 为设计序号。按产品的先后顺序，用阿拉伯数字表示。

5 为变型代号。交流发电机以调整臂的位置作为变型代号。从驱动端看，Y 表示右边，Z 表示左边，无表示中间。

表 1-6-1　电流等级代号

代号	1	2	3	4	5	6	7	8	9
电流/A	~19	≥20~29	≥30~29	≥40~49	≥50~59	≥60~69	≥70~79	≥80~89	≥90

例如：型号为 JFZ1913Z 的交流发电机，其含义为电压等级为 12 V、输出电流大于 90 A、第 13 次设计、调整臂位于左边的整体式交流发电机。

4. 交流发电机的工作原理

1）交流电动势的产生

图 1-6-12 所示是交流发电机的工作原理。如前所述，交流发电机的三相定子绕组按一定的规律排列在发电机的定子槽中，依次相差 120° 电角度。

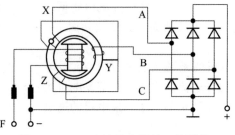

图 1-6-12　交流发电机的工作原理

当磁场绕组接通直流电源时即被激励，转子的爪极被磁化为 N 极和 S 极。交流发电机的磁路如图 1-6-13 所示，其磁力线由 N 极出发，穿过转子与定子之间很小的气隙进入定子铁芯，最后通过气隙回到相邻的 S 极。

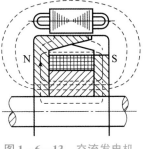

图 1-6-13　交流发电机的磁路

当转子旋转时，由于定子绕组与磁力线有相对的切割运动，所以在三相绕组中产生频率相同、幅值相等、相位相差 120° 的正弦电动势 e_A、e_B 和 e_C。其波形如图 1-6-14（b）所示。三相绕组中所产生的感应电动势可用下列方程式表示：

$$e_A = E_m \sin\omega t = \sqrt{2}E_\phi \sin(\omega t)$$

$$e_B = E_m \sin(\omega t - 120°) = \sqrt{2}E_\phi \sin(\omega t - 120°)$$

$$e_C = E_m \sin(\omega t - 240°) = \sqrt{2}E_\phi \sin(\omega t - 240°)$$

式中　E_m——相电动势的最大值；

　　　E_ϕ——相电动势的有效值；

　　　ω——电角速度，$\omega = 2\pi f$。

交流发电机每相绕组所产生的电动势的有效值为

$$E_\phi = 4.44KfN\Phi \text{（V）}$$

式中　K——定子绕组系数，一般小于 1；

　　　f——感应电动势的频率（Hz），$f = Pn/60$［P 为磁极对数，n 为转速（r/min）］；

　　　N——每相绕组的匝数；

　　　Φ——磁极的磁通（Wb）。

2）整流过程

如图 1-6-14（a）所示，交流发电机的整流装置实际上是一个由 6 只硅整流二极管［即 3 只正极管（VD_1、VD_3、VD_5）和 3 只负极管（VD_2、VD_4、VD_6）］组成的三相桥式整流电路。

由硅二极管的单向导电特性，可推出以下两点结论。

（1）当外加电压为正向电压时，硅二极管呈低阻抗，处于"导通"状态；

（2）当外加电压为反向电压时，呈高阻抗，处于"截止"状态。

由此可以得出，在任一时刻，共阴接法的 3 个硅二极管总是阳级（即正极）电位最高的优先导通，共阳接法的 3 个硅二极管总是阴极（即负极）电位最低的优先导通。

交流发电机整流工作原理如图 1-6-14 所示。

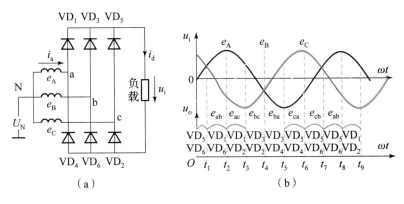

图 1-6-14　交流发电机整流工作原理

在 $0 \sim t_1$ 时间内，C 相的电位最高，而 B 相的电位最低，故对应的硅二极管 VD$_5$、VD$_6$ 均处于正向导通状态。电流从绕组 C 出发，经 VD$_5$→负载→VD$_6$→绕组 B 构成回路。由于硅二极管的内阻很小，所以此时交流发电机的输出电压可视为 B、C 绕组之间的线电压 e_{cb}。

在 $t_1 \sim t_2$ 时间内，A 相的电位最高，而 B 相的电位最低，故对应的硅二极管 VD$_1$、VD$_6$ 处于正向导通状态。同理，交流发电机的输出电压也可视为 A、B 绕组之间的线电压 e_{ab}。

在 $t_2 \sim t_3$ 时间内，A 相的电位最高，而 C 相的电位最低，故对应的硅二极管 VD$_1$、VD$_2$ 处于正向导通状态。同理，交流发电机的输出电压也可视为 A、B 绕组之间的线电压 e_{ac}。

依此类推，周而复始，在负载上便可获得一个比较平稳的直流脉动电压，见表 1 - 6 - 2。

表 1 - 6 - 2　交流发电机三相整流工作情况

时段	$t_1 \sim t_2$	$t_2 \sim t_3$	$t_2 \sim t_3$	$t_3 \sim t_4$	$t_4 \sim t_5$	$t_5 \sim t_6$
共阴极组中导通的硅二极管	VD$_1$	VD$_1$	VD$_3$	VD$_3$	VD$_5$	VD$_5$
共阳极组中导通的硅二极管	VD$_6$	VD$_2$	VD$_2$	VD$_4$	VD$_4$	VD$_6$
输出的电压	e_{ab}	e_{ac}	e_{bc}	e_{ba}	e_{ca}	e_{cb}

整流过程的特点如下。

（1）2 个硅二极管同时通形成供电回路，其中共阴极组和共阳极组各 1 个，且不能为同一相器件。

（2）硅二极管导通的顺序为 VD$_1$→VD$_2$→VD$_3$→VD$_4$→VD$_5$→VD$_6$，相位依次相差 60°。

（3）共阴极组 VD$_1$、VD$_3$、VD$_5$ 导通时相位依次相差 120°，共阳极组 VD$_4$、VD$_6$、VD$_2$ 导通时相位也依次相差 120°。

（4）同一相的上、下两个桥臂（即 VD$_1$ 与 VD$_4$，VD$_3$ 与 VD$_6$，VD$_5$ 与 VD$_2$）相位相差 180°。

（5）u_i 一周期脉动 6 次，每次脉动的波形都一样，故该电路为 6 脉波整流电路。

经整流后的直流电压就是硅整流交流发电机的输出电压，其数值为三相交流线电压的 1.35 倍，即

$$U = 1.35 U_L = 2.34\ U_\phi$$

式中　U_L——线电压的有效值；

　　　U_ϕ——相电压的有效值。

3）中性点电压

当交流发电机的 3 个定子绕组采用星形接法时，三相绕组的 3 个末端接在一起形成一个公共接点，它与交流发电机搭铁之间的电压称为中性点电压（U_N），如图 1 - 6 - 14（a）所示。它是通过 3 个负极管整流后得到的三相半波整流电压值，中性点电压等交流发电机输出电压（U）的一半，即 $U_N = U/2$。

中性点电压一般用来控制各种用途的继电器，如磁场继电器、充电指示灯继电器等。

4）8 管、9 管、11 管交流发电机

为了充分利用交流发电机中性点电能，往往会在发电机中性点加装二极管进行整流以提高交流发电机的输出功率。比如在中性点加两个二极管实现双半波整流，如图 1 - 6 - 15 所示，这就是常见的 8 管交流发电机。如果加 3 个二极管实现三相半波整流，就成了 9 管交流发电机。如果既加 3 个二极管实现三相半波整流，同时又加 2 个二极管实现双半波整流，就成了 11 管交流发电机。

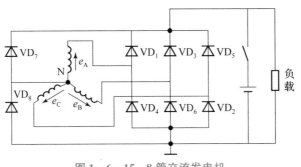

图 1 − 6 − 15　8 管交流发电机

5. 交流发电机的励磁方式

由交流发电机的磁场绕组提供电使其产生磁场称为励磁（也称为激磁）。交流发电机的转子磁场绕组的励磁方式有两种：一种是由蓄电池供电，称为他励（也称为他激）；另一种是由交流发电机自身所发电能供电，称为自励（也称为自激）。

当交流发电机转速很低时，采用他励方式，因为转子上的磁极的剩磁很弱，在低速下仅靠剩磁产生的电动势不能使二极管导通，交流发电机不能自励发电，此时必须由蓄电池供给交流发电机磁场绕组电流，使交流发电机具有较强的磁场，以使交流发电机的电动势迅速提高。

当交流发电机的转速达到一定值后（一般 1 000 r/min 左右），交流发电机发电产生的电压达到或超过蓄电池电压时，交流发电机开始向蓄电池充电，同时励磁电流由交流发电机自己提供，交流发电机由他励发电转为自励发电。

任务实施

发电机拆卸

（1）图 1 − 6 − 16 所示是 JF132 型交流发电机的组件，请标示出它的每个部件的名称。

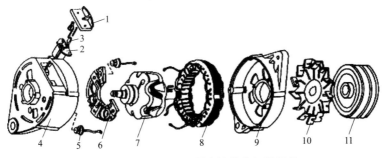

图 1 − 6 − 16　JF132 型交流发电机的组件

1—_____；2—_____；3—_____；4—_____；5—_____；6—_____；
7—_____；8—_____；9—_____；10—_____；11—_____

（2）在实训室中找出交流发电机，并说出相应的型号和结构。

①交流发电机 1。

型号：_____

定子绕组的连接方式：_____

整流器有_____个二极管。是半波整流还是全波整流？_____

②交流发电机 2。

型号：_____

定子绕组的连接方式：_____

整流器有_____个二极管。是半波整流还是全波整流？_____

（3）交流发电机各部件的作用。

转子：_____

定子：_____

整流器：_____

端盖：_____

风扇：_____

（4）对交流发电机进行检测，将检测结果填入表1-6-3。

表1-6-3　交流发电机的检测

检测项目	检测结果	是否有故障	维修方法
检测两滑环之间的电阻			
检测转子的电阻			
检测转子对搭铁的电阻			
检测定子的电阻			
检测定子对搭铁的电阻			
检测整流器二极管导通与否			
检测整流器二极管是否对搭铁短接			
检测电压调节器			

（5）检查。

检查交流发电机修复质量：_____。

（6）评估。

任务1.7　检修电源系统

学习目标

（1）能够向客户描述电源总开关；

（2）能够向客户描述先导切断开关；

（3）能够向客户描述熄火电磁阀；

（4）能够进行熄火电磁阀的调试及检测；

（5）能够进行电源总开关、先导切断开关、熄火电磁阀的检测；

（6）树立安全意识；

（7）培养系统思维能力。

工作任务

某客户反映其挖掘机刚刚换了新的发电机和蓄电池，但打开相关开关后挖掘机无法起动，请帮该客户进行故障诊断与排除。

相关知识

1. 电源总开关

电源总开关用于控制挖掘机或装载机整机电源的通与断，一般分为负级控制型和正极控制型两种。为了防止挖掘机或装载机停止工作时，蓄电池通过外电路自行漏电，在挖掘机或装载机的蓄电池火线（正极控制型）或搭铁线（负极控制型）上装有控制电源的总开关。电源总开关有旋钮式和电磁式两种：前者靠手动接通或切断电源电路；后者则靠电磁吸力的作用来接通或切断电源电路。目前厂家一般采用旋钮式电源总开关。下面重点介绍旋钮式电源总开关。

图1－7－1所示为旋钮式电源总开关外形及电路接线图。

旋钮式电源总开关原理：用钥匙沿着"ON"方向旋钮，则接通电源，沿着"OFF"方向旋钮，则切断电源。

电磁式电源总开关原理：电源总开关的接通或断开，是通过钥匙开关操纵的。

图1－7－1　旋钮式电源总开关外形及电路接线图

2. 先导切断开关

先导切断开关也叫作微动开关，它的作用是控制安全起动和先导电磁阀是否励磁工作。起动机器前必须使先导切断开关处于关闭状态。先导切断开关的外形及电路接线图如图1－7－2所示。

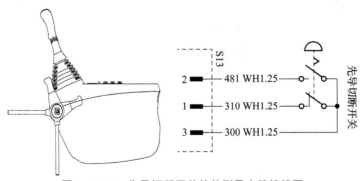

图1－7－2　先导切断开关的外形及电路接线图

1）打开状态

当先导切断开关处于打开状态时，发动机不允许起动，但发动机起动后整机允许动作。

2）关闭状态

当先导切断开关处于关闭状态时，发动机允许起动，但发动机起动后整机不允许动作。

无论是挖掘机还是装载机，当需要起动机器时，必须有电源供应，也就是说应该先合上电源总开关，然后合上先导切断开关，让先导切断开关控制起动继电器、先导电磁阀工作，这时才可以正常起动机器。

3. 熄火电磁阀

熄火电磁阀（也叫作断油阀）作用是控制发动机燃油油路的开启（为发动机起动做准备）与关闭（使发动机停止）。

熄火电磁阀的安装位置及电路接线如图1-7-3所示。

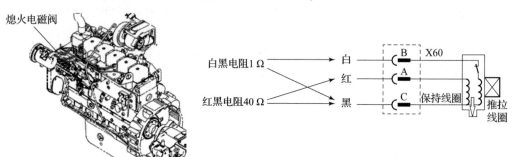

图1-7-3　熄火电磁阀的安装位置及电路接线图

熄火电磁阀外接红、白、黑三线，红线与黑线之间的线圈（维持线圈）电阻约为40 Ω，白线与黑线之间的线圈（推拉线圈）电阻约为1 Ω。

接线时必须注意，推拉线圈和保持线圈的线切勿接反，否则将导致熄火电磁阀烧毁或整车电路起火。

熄火电磁阀在柳工922E挖掘机中的电路接线图如图1-7-4所示。

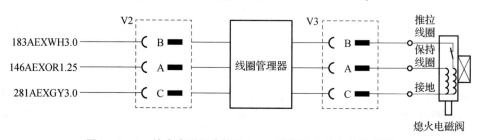

图1-7-4　熄火电磁阀在柳工922E挖掘机中的电路接线图

熄火电磁阀工作正常时，将起动开关打到"ON"挡，维持线圈（红线与黑线之间）得电（用万用表测量为24 V），但熄火电磁阀不动作；在将起动开关打到"START"挡的瞬间，推拉线圈（白线与黑线之间）得电（用万用表测量为24 V），熄火电磁阀吸合，同时维持线圈（红线与黑线之间）继续保持有电（用万用表测量为24 V），松开起动开关，起动开关回位，推拉线圈立即掉电，熄火电磁阀仍然保持吸合状态。

此外，安装熄火电磁阀时需要保证拉杆的同轴度与行程，更换熄火电磁阀时请严格按照要求操作。

熄火电磁阀控制发动机燃油油路的开启与关闭，因此，如果熄火电磁阀不能正常工作，发动机将不能起动或起动后自行熄火。

任务实施

（1）基础知识。

①利用万用表检测电源总开关，并判断它的好坏。

②利用万用表检测先导切断开关，并判断它的好坏。

③利用万用表检测熄火电磁阀，并判断它的好坏。

充电系统电路

熄火电磁阀是否正常工作的判断方法如下。

熄火电磁阀工作正常时，将起动开关打到"ON"挡，维持线圈（红线与黑线之间）得电（用万用表测量为 24 V），但熄火电磁阀不动作；将起动开关打到"START"挡的瞬间，拉杆应迅速向前动作，开启燃油油路，推拉线圈（白线与黑线之间）得电（用万用表测量为 24 V），熄火电磁阀吸合，同时维持线圈（红线与黑线之间）继续保持有电（用万用表测量为 24 V），松开起动开关，起动开关自动复位至"ON"挡后，拉杆应不动（即保持燃油油路开启状态），推拉线圈立即掉电，熄火电磁阀仍然保持吸合状态。否则，可断定熄火电磁阀不能正常工作。

熄火电磁阀故障判断流程如图 1 – 7 – 5 所示。

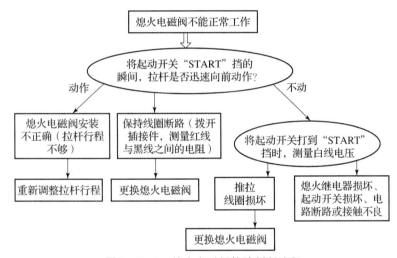

图 1 – 7 – 5　熄火电磁阀故障判断流程

（2）柳工 922E 挖掘机电源系统电路见本项目任务工单，请口述工作原理并录制视频上传至学习通。

（3）柳工 922E 挖掘机电源系统故障检修。

①制定检查流程。

②检测故障。

③故障结果分析。

电路检修要点如下（参考）。

a. 检查各导线连接有无松动、断路，搭铁等是否正常。

检查结果：_____。

b. 检查电路中的熔断丝是否完好。

检查结果：_____。

c. 检查电源开关是否正常。

检查结果：_____。

d. 检查先导切断开关是否正常。

检查结果：_____。

e. 检查熄火电磁阀是否完好。

检查结果：_____。

f. 检查蓄电池是否完好。

检查结果：_____。

项目2 检修照明与信号系统

学习目标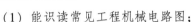

(1) 能识读常见工程机械电路图;

(2) 能对照明系统中出现的故障进行检测与诊断;

(3) 能对信号系统中出现的故障进行修复;

(4) 能对仪表及报警系统中出现的故障进行修复;

(5) 树立安全意识;

(6) 会系统分析问题。

任务内容

某挖掘机在工作过程中,照明和信号系统工作不正常。

• **任务工单**

任务名称	挖掘机照明与信号系统检修	序号		日期	
级别		耗时		班级	
任务要求	在规定的时间内排除挖掘机照明与信号系统台架上已经设置好的故障				

(1) 某挖掘机照明与信号系统电路图如下。

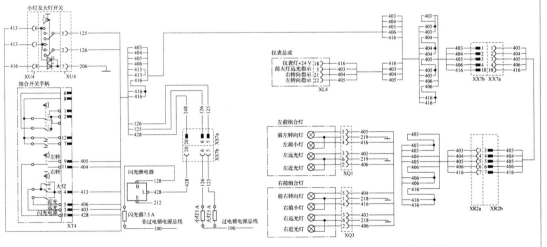

(2) 在上图中,如挖掘机信号灯出问题,试分析原因,说明排故方法并写出排故步骤。

①故障原因:

②排故流程:

● 考核评价表

编号	项目	内容	配分	评分标准	扣分	得分
前期检查（5分）						
1	各项检查	检查电瓶电压电路连接情况	5	未做扣5分，每漏1项扣1分，直到扣完此项配分为止		
挖掘机照明与信号系统检修（85分）						
1	故障现象描述	正确描述存在的故障	10	1. 未做扣10分 2. 未填写扣5分		
2	故障可能原因	正确列出故障可能原因	15	1. 作业表填写不全适当扣分 2. 未填写作业表扣5分		
3	电路测量	查阅资料，测量相关电路情况，正确分析测量结果	30	1. 未做扣30分 2. 未填写作业表扣10分 3. 测量不正确每项扣5分 4. 测量不完整视情况扣3~5分		
4	故障部位确认和排除	正确记录故障点，正确排除故障	10	1. 未排除故障扣10分 2. 未填写作业表扣5分		
5	故障电路及故障机理分析	正确画出故障部位的电路图，正确写出故障机理	15	1. 未做扣15分 2. 未填写作业表扣5分/项		
6	维修后结果确认	再次验证维修结果	5	1. 未验证扣5分 2. 未填写作业表扣2分		
清洁及复位（10分）						
1	维修工位恢复	操作完毕，清洁和整理工具，整理、清洁场地	5	未做扣5分，不到位视情况扣1~4分		
2	文明安全作业	1. 工装整洁； 2. 操作完毕，清洁和整理工具及场地	5	未做扣5分，不到位视情况扣1~4分		
	合计		100			
若检测过程出现严重安全及人身事故，则取消重做，只有一次重做机会						

任务2.1 识读照明系统电路图

学习目标

(1) 掌握工程机械电路的特点;

(2) 了解电路图的种类;

(3) 掌握工程机械电路图的基本识读方法;

(4) 认识工程机械电路图中常用图形符号和有关标志;

(5) 能够分析典型工程机械电路;

(6) 树立安全意识;

(7) 会系统分析问题。

工作任务

某挖掘机工作灯不亮,经检查,发现照明系统电路有问题,维修厂只有电气线路分布图,需要制作相应的电气原理图并了解分析它的工作原理。

相关知识 NEWS!

识读工程机械
电气原理图

2.1.1 工程机械电路基础

1. 工程机械电路的特点

工程机械电路是用选定的导线将全车所有电气设备相互连接成直流电路,构成一个完整的供电、用电系统,这就是工程机械电气设备总成,它与一般直流电路有共同之处,也有自己的特点。工程机械电路的特点主要如下。

1) 单线制

工程机械电路的单线制,表现在工程机械上的所有电气设备的正极均用导线相互连接,又称为火线,所有负极则分别与工程机械车架的金属部分相连,称为负极搭铁。其大部分支路中的电流都是从电源的正极出发,经导线流入用电设备,通过车架导体流回电源的负极而形成回路。

对于某些电气设备,为了保证其工作的可靠性、提高灵敏度,仍然采用双线连接方式,如发电机与调节器之间的连接、双线电喇叭的连接等。对于带有ECU的工程机械,为了提高以ECU为中心的传感器的控制精度,往往也采用双线制。

2) 直流

工程机械发动机靠起动机起动,由蓄电池供电,而蓄电池又必须用直流电充电,因此工程机械上的用电设备均采用直流电源系统。

3) 并联

工程机械上的用电设备均采用并联方式连接,以防某一用电设备出现故障时,影响其他用电设备的正常使用。用电设备受各自开关的控制。各回路中均装有电路保护装置,以防止短路而烧坏用电设备。

将电路并联起来,能发挥蓄电池和发电机的优势,使任何一个用电设备的启用、停止都非常方便。一般并联电路能保证每个用电设备正常工作而不相互干扰。另外，当电路出现故障时，一般局部的短路、断路等不会引起整车的故障，检测、拆装也较容易。此外，也有个别用电设备以串联方式连接，如闪光器与转向灯等。

4）负极搭铁

多数工程机械电路均为负极搭铁，这可以减轻对车架的电化学腐蚀，对无线电的干扰也较小，但仍有少量工程机械电路采用正极搭铁，使用时应注意极性。

5）低电压双电源

低电压双电源即发电机和蓄电池并联使用（电压为 24 V），协同工作，共通向用电设备供电。当起动时，蓄电池向起动机供电；当发动机正常运转时，发电机给用电设备供电，同时给蓄电池充电；当用电设备同时接入较多，发电机超载时，蓄电池协助供电。

2. 工程机械电路基础元件

1）导线

工程机械用导线有高压导线和低压导线两种，它们均采用铜质多芯软线。

（1）低压导线。

①低压导线的截面积。低压导线的截面积主要根据其工作电流来选择，但对于一些工作电流较小的用电设备，为了保证其具有一定的机械强度，低压导线截面积不得小于 0.5 mm^2。低压导线标称截面积所允许的负载电流强度见表 2-1-1。

表 2-1-1　低压导线标称截面积所允许的负载电流强度

低压导线标称截面积/mm^2	1.0	1.5	2.5	3.0	4.0	6.0	10	13
允许电流强度/A	11	14	20	22	25	35	50	60

应当注意的是，标称截面积是经过换算而统一规定的线芯截面积，而非实际几何面积。

②低压导线的结构和选用。

常见的低压导线由多股细铜丝绞制而成，外层为绝缘层，力学性能柔韧，不易折断。工程机械 12 V 电源系统主要导线标称截面积一般在工程机械设计阶段就已通过计算，选定了各电路的导线规格。表 2-1-2 所示是工程机械各电路的导线规格。

表 2-1-2　工程机械各电路的导线规格

导线使用电路	标称截面积/mm^2	导线使用电路	标称截面积/mm^2
仪表灯、指示灯、后灯、顶灯、牌照灯、燃油表、雨刮器等	0.5	5 A 以上电路	1.5~4.0
		电源电路	4~25
转向灯、制动灯、停车灯分电器等	0.8	起动电路	16~95
前照灯、3 A 以下电喇叭	1.0	柴油机电热塞电路	4~6
3 A 以上的电喇叭等	1.5		

（2）高压导线。

高压导线可在点火系统中承担高压电的传送功能，工作电压一般可达 15 kV 以上，电流相对较小。一般高压导线与低压导线相比，绝缘包层厚、耐压性能较好、线芯截面积较小。国产工程机械用高压导线有铜芯线和阻尼线两种。其中阻尼线的线芯采用聚氯乙烯树脂、葵二酸二辛酯等有机材料配制而成，又称为半导体塑芯高压线。阻尼线的线芯具有一定的电阻，这种线芯具有无辐射的特点，对无线电系统干扰较小，同时可以衰减火花塞放电时的干扰电波，还可以节约大量的铜材。

（3）导线的颜色。

在整机电路的配线中，往往有很多同样粗细的导线，很难区分导线的去处。为此，常将导线着色，以区分各种不同的电路。常见整机电路导线的颜色见表2-1-3。

表2-1-3　常见整机电路导线的颜色

使用顺序		1		2		3		4		5		6	
颜色及标记		基本色		辅助色									
		颜色	标记	颜色	标记	颜色	标记	颜色	标记	颜色	标记	颜色	标记
使用电路	启动、预热电路	黑	B	黑白	BW	黑黄	BY	黑红	BR	—	—	—	—
	接地	黑	B	—	—	—	—	—	—	—	—	—	—
	充电电路	白	W	白红	WR	白黑	WB	白蓝	WL	—	—	白绿	WG
	照明电路	红	R	红白	RW	红黑	RB	红黄	RY	红绿	RG	红蓝	RL
	信号电路	绿	G	绿白	GW	绿红	GR	绿黄	GY	绿黑	GB	绿蓝	GL
	仪表电路	黄	Y	黄红	YR	黄黑	YG	黄绿	YG	黄蓝	YL	黄白	YW
	其他电路	蓝	L	蓝白	LW	蓝红	LY	蓝黄	LY	蓝黑	LB	—	—

导线英文符号的含义见表2-1-4。

表2-1-4　导线英文符号的含义

符号	颜色		符号	颜色	
W	WHITE	白	O	ORANGE	橙
B	BLACK	黑	Br	BROWN	棕
R	RED	红	Gr	GREY	灰
G	GREEN	绿	Sb	SKY – BLUE	蓝
Y	YELLOW	黄	Lg	LIGHT – GREEN	嫩绿
L	BLUE	蓝	Dg	DARK – GREEN	暗绿
V	VIOLET	紫	Ch	CHARCOAL	深褐
P	PINK	粉	—	—	—

2）线束

工程机械用低压导线除蓄电池导线外，都用绝缘材料如薄聚氯乙烯带缠绕包扎成束，以避免水、油的侵蚀及磨损。在线束布线过程中，不许拉得过紧，线束穿过洞口或绕过锐角处都应有套管保护。线束位置确定后，应用卡簧或绊钉固定，以免松动损坏。

3）熔断器

熔断器在电路中起保护作用。当电路中流过超过规定的电流时，熔断器的熔丝自身发热而熔断，切断电路，防止烧坏电路连接导线和用电设备，并把故障限制在最小范围内。在通常情况下，将很多熔断器组合在一起安装在熔断器盒内，在熔断器盒盖上注明熔断器的名称、额定容量和位置，并用不同的颜色来区别熔断器的容量。

在一般情况下，环境温度为 18 ℃~32 ℃ 时，若流过熔断器的电流为额定电流的 1.1 倍，熔丝不会熔断；达到 1.35 倍时，熔丝在 60 s 内熔断，20 A 以内的熔丝在 15 s 内熔断，30 A 的熔丝在 30 s 内熔断。

在使用熔断器时应注意下面几点。

（1）熔断器熔断后，必须找到故障原因，彻底排除故障。

（2）更换熔断器时，新熔断器一定要与原熔断器规格相同。

（3）熔断器支架与熔断器接触不良会产生电压降和发热现象，安装时要保证良好接触。

4）插接器

插接器就是通常所说的插头和插座，用于线束与线束或导线与导线的相互连接。为了防止插接器在工程机械运行时脱开，所有插接器均采用闭锁装置。

（1）插接器的识别方法。

插接器的符号和实物对照如图 2-1-1 所示。符号涂黑的表示插头，白色的表示插座，带有倒角的表示针式插头。

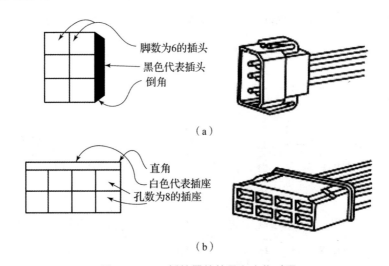

图 2-1-1　插接器的符号和实物对照

（a）6 脚插头；（b）8 脚插座

（2）插接器的连接方法。

插接器接合时，应把插接器的导向槽重叠在一起，使插头与插孔对准，然后平行插入即可十分牢固地连接在一起。插接器连接后，其导线的连接如图 2-1-2 所示。例如，A 线的插孔①与 a 线的插孔①′是配合的，其余依此类推。

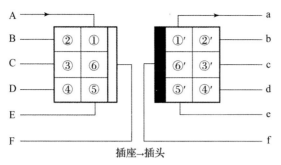

图 2 - 1 - 2　插接器导线的连接

（3）插接器的拆卸方法。

拆卸插接器时，首先要解除闭锁，然后把插接器拉开，不允许在未解除闭锁的情况下用力拉导线，这样会损坏闭锁装置或连接导线。

5）继电器

在一般情况下，工程机械上使用的开关的触点容量较小，不能直接控制工作电流较大的用电设备，故常采用继电器来控制它们的接通与断开。

工程机械上的继电器有很多，常见的有 3 类，这 3 类继电器的动作状态如图 2 - 1 - 3 所示。

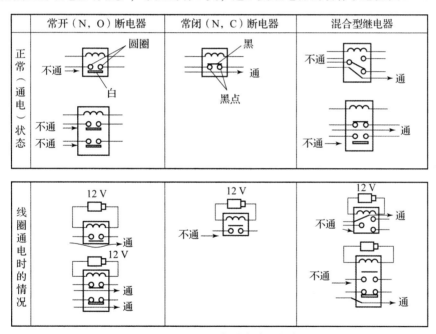

图 2 - 1 - 3　继电器的动作状态

第一类继电器平时触点是断开的，继电器动作后触点才接通；第二类继电器平时触点是闭合的，继电器动作后触点断开；第三类继电器平时动断触点接通，动合触点断开，如继电器线圈通电则变成相反的状态。

6）开关

（1）点火开关。

点火开关原理：B1 端为电源端，B2 端为上电端，G1 端为预热端，S 端为起动控制端，M 端为上电信号端，G2 端未用，如图 2 - 1 - 4 所示。点火开关的外形如图 2 - 1 - 5 所示。

	B1	B2	G1	G2	S	M
预热（HEAT）	●	●	●			●
关闭（OFF）	●					
正常（ON）	●	●				●
启动（START）	●	●		●	●	●

图 2 - 1 - 4　点火开关工作挡位

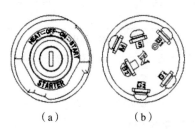

（a）　　　　　　　（b）

图 2 - 1 - 5　点火开关的外形

（a）顶部；（b）底部

（2）灯光开关。

灯光开关的形式有多种，现以带双金属片熔断器的灯光开关为例进行说明。该灯光开关如图 2 - 1 - 6 所示。1 号接线柱接火线，3 号接线柱接顶灯与仪表灯，4 号接线柱接前照灯，5 号接线柱接示宽灯。灯光开关在 I 挡时示宽灯亮，仪表灯与顶灯工作；灯光开关在 II 挡时，示宽灯灭，前照灯亮，仪表灯与顶灯继续工作。

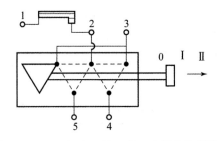

图 2 - 1 - 6　灯光开关（带双金属片熔断器）

7）电缆

（1）电缆的作用与分类。

电缆由一根或多根相互绝缘的导体和外包绝缘保护层制成，将电力或信息从一处传输到另一处的导线。

电缆有电线电缆、控制电缆、补偿电缆、屏蔽电缆、高温电缆、计算机电缆、信号电缆、同轴电缆、耐火电缆、船用电缆、矿用电缆、铝合金电缆等。它们都是由单股或多股导线和绝缘层组成的，用来连接电路、用电设备等。

工程机械用电缆一般是电线电缆和信号电缆。在工程机械电路图中，用导线编号、颜色缩写代码和标称截面积的组合对电缆进行标识，以便维修。

例如：602GN1.25 表示 602 线，颜色是绿色，标称截面积为 1.25 mm^2。

①导线编号。

导线编号是按一定规则采用 3 位阿拉伯数字对导线进行标识的数字代码。

②颜色。

颜色缩写代码见表 2 - 1 - 5。

表 2 - 1 - 5　颜色缩写代码

颜色	英文	缩写	颜色	英文	缩写
黑色	BLACK	BK	蓝色	BLUE	BU
灰色	GREY	GY	绿色	GREEN	GN
红色	RED	RD	黄色	YELLOW	YL
棕色	BROWN	BR	粉红色	PINK	PK
紫色	VIOLET	VT	橙色	ORANGE	OR
白色	WHITE	WH	浅蓝色	LIGHT BLUE	LTBU
红色/绿色	RED/GREEN	RD/GN	黄色／蓝色	YELLOW/BLUE	YL/BU

备注：由 2 种颜色组成的颜色缩写代码表示双色线，例如"RD/GN"表示红绿色线。

③标称截面积。

标称截面积一般体现在一定环境温度下的容许和电流和电压降。AV、AVS、AVSS、QVR 等电缆的性能相近，见表 2 - 1 - 6。

表 2 - 1 - 6　标称截面积

环境温度		30 ℃（86 ℉）		40 ℃（104 ℉）		50 ℃（122 ℉）		60 ℃（140 ℉）		70 ℃（158 ℉）	
容许电流/电压降		容许电流/A	容许电压降/(mV·m^{-1})	容许电流/A	容许电压降/(mV·m^{-1})	容许电流/A	容许电压降/(mV·m^{-1})	容许电流/A	容许电压降/(mV·m^{-1})	容许电流/A	容许电压降/(mV·m^{-1})
标称截面积/mm²	0.85	18	463	16	412	14	360	11	283	8	206
	1.25	23	407	21	372	18	319	14	248	10	177
	2	31	338	28	305	24	262	20	218	14	153
	3	42	291	38	263	33	228	27	187	19	132
	5	57	248	51	222	44	192	36	157	25	109
	8	74	213	66	190	57	164	47	135	33	95
	15	103	176	92	157	30	137	65	111	46	79
	20	135	148	121	133	105	116	85	94	60	66
	30	188	121	168	108	146	94	119	77	84	54
	40	210	112	188	110	163	87	133	71	94	50
	50	246	103	220	92	190	60	155	65	110	46
	60	272	97	243	87	211	75	172	62	121	43
	85	335	90	300	80	260	70	212	57	150	40
	100	399	83	356	74	309	65	252	53	178	37

（2）电缆的类型与颜色的对应关系。

电缆的类型与颜色的对应关系见表2-1-7。

表2-1-7　电缆的类型与颜色的对应关系

电缆的类型	颜色缩写代码
电源电缆	OR、RD
信号电缆	WH
接地电缆	BK、GY
通信电缆	RD/GN、YO/BO

（3）屏蔽电缆。

屏蔽电缆主要是为了防止噪声的混入而设计一种电缆线，它有时还能防止回路放出噪声，成为干扰其他回路的噪声源。屏蔽电缆主要用于易受外部影响的电路。屏蔽电缆的结构如图2-1-7所示。

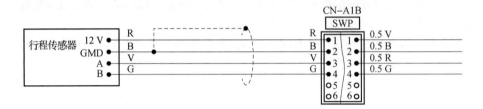

图2-1-7　屏蔽电缆的结构

3. 工程机械电路图的种类

工程机械电路图主要有布线图、电路原理图、接线图等。

1）布线图

布线图用来表明线束与各用电设备的连接部位、连接柱的标记、插接器的形状及位置等。它是人们在工程机械上能够实际接触到的工程机械电路图。其特点表现在：全车的电气设备（即用电设备）数量明显且准确，导线的走向清楚，有始有终，便于循线跟踪，查找起来比较方便。它按线束编制将导线分配到各条线束中与各个插件的位置严格对号。在各开关附近用表格法表示开关的接线与挡位控制关系，表示熔断器与电线的连接关系，表明导线的颜色与截面积。布线图存在以下缺点：图上导线纵横交错，若印制版面小则不易分辨，若印刷版面过大则印装受限制；读图、画图费时费力，不易抓住电路的重点、难点；不易表达电路内部结构与工作原理。

2）电路原理图

电路原理图以电路连接最短、最清晰为原则布置图面，且基本表示出电气设备的内部电路，因此电路原理图既表达了电气设备之间的连接，又体现了电气设备内部的电路情况，容易分析各电气设备工作时电流的具体路径，因此电路原理图应用比较广泛。

电路原理图有整车电路原理图和局部电路原理图之分。

（1）整车电路原理图。

为了生产与教学的需要，常常需要尽快找到某条电路的始末，以便确定故障分析的路线。在分析故障原因时，不能孤立地仅局限于某一部分电路，而要将这一部分电路在整车电路中的位置及其与相关电路的联系都表达出来。整车电路原理图的优点如下。

①对全车电路有完整的概念，它既是一幅完整的全车电路图，又是一幅互相联系的局部电路图。其重点难点突出、繁简适当。

②可建立起电位高、低的概念。其负极"－"接地（俗称搭铁），电位最低，可用图中的最下面一条线表示；正极"＋"电位最高，用最上面的那条线表示。电流的方向基本上都是由上而下，路径是：电源正极"＋"→开关→电气设备→搭铁→电源负极"－"。

③尽最大可能减少导线的曲折与交叉，布局合理，图面简洁、清晰，图形符号考虑到元器件的外形与内部结构，便于读者联想、分析，易读、易绘。

④各局部电路（或称子系统）相互并联且关系清楚，发电机与蓄电池间、各个子系统之间的连接点尽量保持原位，熔断器、开关及仪表等的接法基本上与实际吻合。

整车电路原理图的缺点是：图形符号不太规范，容易各行其是，不利于与国际标准统一，因此也不利于对外交流。

（2）局部电路原理图。

为了弄清工程机械的内部结构、各个部件之间相互连接的关系，弄懂某个局部电路的工作原理，常从整车电路原理图中抽出某个需要研究的局部电路，参照其他翔实的资料，必要时根据实地测绘、检查和试验记录，将重点部位进行放大、绘制并加以说明。这种电路图中的电气设备少、幅面小，看起来简单明了，易读易绘；其缺点是只能了解电路的局部。

3）接线图

接线图常用于工程机械厂总装线和修理厂的连接、检修与配线。接线图主要表明各电气设备的连接部位、接线柱的标记、线头、插接器（连接器）的形状及位置等，它是人们在工程机械上能够实际接触到的工程机械电路图。这种图一般不详细描绘线束内部的导线走向，只对露在线束外面的线头与插接器详细编号或字母进行标记。它是一种突出装配记号的电路表现形式，非常便于安装、配线、检测与维修。如果将此图各线端都用序号、颜色准确无误地标注出来，并与电路原理图和布线图结合起来使用，则会起到更大的作用且能收到更好的效果。

2.1.2 工程机械电路检修常识

工程机械电气系统的故障虽然多种多样，但产生故障的原因与检修方法却有许多共性，掌握这些共性知识会为电路检修带来很大的帮助。

1. 工程机械电气系统的工作条件

工程机械电气系统的工作条件可概括为大范围的温度与湿度变化、波动的电压及较强的脉冲干扰、电气设备的相互干扰、剧烈的振动以及尘土的侵蚀等。

工程机械电气系统在湿度大的环境中工作时，水分子对电子元件的浸蚀作用会增加，使其绝缘性能下降，从而影响电气设备的工作性能。在工程机械电气系统中温度的变化主要来自两方面：一是外界环境温度；二是使用温度，它与电气设备工作时间的长短、布置位置和电气元件自身的发热散热条件有密切关系。对于电气元件，较高的使用温度是造成它过热损坏的主要原因。

工程机械电气系统的电压波动可分为两种：一种为正常范围内的波动，即从蓄电池的端电压到电压调节器起作用的电压之间的波动；另一种为过电压，过电压将对工程机械上的电气设备带来极大的危害。过电压从其性质来分，可分为非瞬变性过电压和瞬变性过电压。非瞬变性过电压主要是由于发电机调节器失灵或其他原因，引起发电机励磁电流未经过调节器，使发电机电压升高到不正常值。这种故障如不及时排除，则整个充电系统的电压会一直处于不正常的高压，过电压有时可高达 100 V 以上。它会使蓄电池的电解液"沸腾"，电气设备烧毁。瞬变性过电压主要有以下几种情况。

（1）当停车关闭点火开关时，由于发电机的磁场绕组与蓄电池之间的通路瞬间切断，从而在磁场绕组中感应出按指数规律变化的电压，其反向峰值可达 −100 ~ −200 V。该脉冲由于没有蓄电池吸收，所以极易引起电气元件的损坏。

（2）工程机械运行中，发电机与蓄电池之间的导线意外松脱，或者在没有蓄电池的情况下突然断开其他负载，发电机端电压瞬间可升高很多，在极限情况下可达 100 V 以上，且可维持0.1 s 左右的时间。对一些过电压敏感的电气元件，这样的过电压足以造成损坏或误动作。

（3）电感性负载，如喇叭、各种电动机、电磁离合器等在切换时，将在电路中产生高频振荡，振荡的峰值电压可达 800 ~ 1 000 V 以上，且持续时间较短（300 μs 左右）。高频振荡一般不会引起电气元件损坏，但对于具有高频响应的控制系统，如电控柴油喷射系统往往会引起误动作。

2. 工程机械电气系统故障的种类

工程机械电气系统的故障总体上可分为两大类：一类是电气设备故障，另一类是电路故障。

1）电气设备故障

电气设备故障是指电气设备自身丧失其原有的机能，包括电气设备的机械损坏、烧毁，电气元件的击穿、老化、性能衰退等。在实际使用和维修中，电路故障常常造成电气设备故障。电气设备故障一般是可以修复的，但一些不可拆卸的电气设备出现故障后只能更换。

2）电路故障

电路故障包括断路、短路、接线松脱、接触不良或绝缘不良等。这类故障有时容易出现一些假象，给故障诊断带来困难。例如，某搭铁线与车身接触不良，可能造成电气设备开关失控、电气设备工作出现混乱。这是因为有的搭铁为几个电气设备共用，一旦该搭铁线出现接触不良，它就把多个电气设备的工作电路联系到一起，有可能通过其他电路找到搭铁途径，造成一个或多个电气设备工作异常。

3. 工程机械电路检修方法

工程机械电路故障主要有断路、短路、电气设备损坏等。为了迅速准确地诊断故障，下面介绍几种常见的检修方法。

1）直观诊断法

工程机械电路发生故障时，有时会出现冒烟、火花、异响、焦味、发热等异常现象。这些现象可以直接观察到，从而可以判断故障所在部位。

2）断路法

工程机械电路中出现搭铁（短路）故障时，可以用断路法来判断，即将怀疑有搭铁故障的电路断开后，观察电气设备中搭铁故障是否还存在，以此判断搭铁故障的部位和原因。

3）短路法

工程机械电路中出现断路故障时，还可以用短路法来判断，即用起子或导线将被怀疑有断路故障的电路短接，观察仪表指针的变化或电气设备的工作状况，从而判断该电路是否存在断路故障。

4）试灯法

试灯法就是用一只工程机械用灯泡作为试灯，检查电路有无断路故障。

5）仪表法

观察工程机械仪表板上的电流表、水温表、燃油表、机油压力表等的指示情况，判断电路有无故障。例如在发动机冷态时，接通点火开关，水温表指示满刻度位置不动，说明水温表传感器有故障或该电路有搭铁。

6）低压搭铁试火法

低压搭铁试火法即拆下电气设备的某一线头对工程机械的金属部分（搭铁）碰试，观察是否产生火花。这种方法比较简单，是广大工程机械电工常使用的方法。低压搭铁试火分为直接搭铁试火和间接搭铁试火两种。

直接搭铁试火是未经负载而直接搭铁，观察是否产生强烈的火花。例如，要判断点火线圈到蓄电池的一段电路是否有故障，可拆下点火线圈上连接点火开关的线头，在工程机械车身或车架上刮碰，如有强烈的火花，则说明该段电路正常；如果无火花产生，说明该段电路出现了断路。

间接搭铁试火是通过工程机械电气设备的某一负载而搭铁，观察是否产生微弱的火花以判断电路或负载是否有故障。例如，将传统点火系统断电器连接线搭铁（回路经过点火线圈初级绕组），如果有火花，说明这段电路正常；如果没有火花，则说明该段电路有断路。

特别值得注意的是，低压搭铁试火法不能在有电子电路的工程机械上，尤其是电控工程机械上应用。

7）高压搭铁试火法

高压搭铁试火法是对高压电路进行搭铁试火，观察电火花状况，以判断点火系统的工作情况。具体方法是：取下点火线圈或火花塞的高压导线，将其对准火花塞或缸盖等（距离约5 mm），然后接通起动开关，起动发动机，看其跳火情况。如果火花强烈，呈天蓝色，且跳火声较大，则表明点火系统工作基本正常，反之则说明点火系统工作不正常。

2.1.3　工程机械电路图的识读

在掌握工程机械基础电气元件、工程机械电路图的种类、工程机械电路的特点等有关知识的基础上，要想熟练阅读和运用工程机械电路图，还必须了解工程机械电路图中的图形符号与有关标志、工程机械电路图中接线柱的标记及工程机械电路图识读的一般方法等方面的内容。

1. 常用图形符号与有关标志

工程机械电路图是利用图形符号和文字符号，表示工程机械电路的构成、连接关系和工作原理，而不考虑其实际安装位置的一种简图。为了使工程机械电路图具有通用性，便于进行技术交流，构成工程机械电路图的图形符号和文字符号不是随意的，它们有统一的国家标准和国际标准。要看懂工程机械电路图，必须了解图形符号和文字符号的含义、标注原则和使用方法。

图形符号是用于电路图或其他文件中的表示项目或概念的一种图形、标记或字符，是电气技术领域中最基本的工程语言。因此，为了看懂工程机械电路图，要掌握并能熟练地运用图形符号。常用的图形符号见附录。

2. 工程机械电路图识读的一般方法

由于各国工程机械电路图的绘制方法、符号标记以及文字、技术标准等不同，所以各国工程机械电路图存在很大的差异，甚至同一国家不同工程机械公司的工程机械电路图也存在较大差异。这给识读工程机械电路图带来了许多麻烦。完全读懂一种工程机械的整车电路原理图，特别是较复杂的电路图，并非是一件轻松的事。因此，掌握工程机械电路图的识读方法是十分必要的。

工程机械电路图大多是接线图或电路原理图，无论是哪种电路图，一般都是线条密集、纵横交错，头绪多而杂，不易看懂。在认识了工程机械电路图中的有关图形符号和标志，知道了工程机械电路图的种类等内容后，一般可以按照下列方法和步骤进行阅读。

1）善于化整为零

纵观"全车"，眼盯"局部"，由"集中"到"分散"。全车电路一般都是由各个局部电路所构成，它表达了各个局部电路之间的连接和控制关系。要把局部电路从全车电路中分割出来，就必须掌握各个单元电路的基本情况和接线规律。工程机械电路的基本特点是：单线制、负极搭铁、各电气设备互相并联。各单元（局部）电路，例如电源系统电路、起动系统电路、点火系统电路、照明系统电路、信号系统电路、仪表系统电路等都有其自身的特点，看电路要以其自身的特点为指导，分解并研究全车电路，这样做会减小盲目性，能较快速、准确地识读工程机械电路图。开始时，必须认真地读几遍图注，对照电路图查看电气设备在车上的大概位置及数量、电气设备的用途，观察有没有新颖独特的电器，如有，应加倍注意。

2）注意开关的作用

开关是控制电路通断的关键。通常按操纵开关的功能及不同工作状态来分析电路的工作原理。如点火系统的供电、点火开关应处于点火挡或起动挡。在标准画法的电路图中，开关总是处于零位，即开关处于断开状态。电子开关的状态则视具体情形而定。这里所说的电子开关主要包括晶体管及晶闸管等具有开关特性的电气元件。

这个简单而重要的原则无论在读什么电路图时都是必须用到的，在读工程机械电路图时如果忽略这一点，就会理不出头绪来。

在一些复杂控制电路中，一个主开关往往汇集了许多导线，分析工程机械电路图时应注意以下几个问题。

（1）蓄电池（或发电机）的电流是通过什么路径到达这个开关的？中间是否经过其他开关和熔断器？这个开关是手动的还是电控的？

（2）这个开关控制哪些电气设备？每个被控用电气设备的作用是什么？

（3）开关的许多接线柱中，哪些是直通电源的？哪些是接电气设备的？接线柱旁是否有接线符号？这些接线符号是否常见？

（4）开关共有几个挡位？在每一个挡位中，哪些接线柱有电？哪些接线柱无电？

（5）在被控制的电气设备中，哪些电气设备应经常接通？哪些电气设备应先接通？哪些电气设备应后接通？哪些电气设备应单独工作？哪些电气设备应同时工作？哪些电气设备不允许同时接通？

3）熟悉电气元件及配线

在分析某个电路时，要清楚电路中所包括的各部件的功能、作用和技术参数等。

现代工程机械的电路如同人的神经一样分布在各个区域，其复杂程度与日俱增，而电路中的配线、插接器、接线盒、断电器、接地点等如同神经的"节点"。熟悉这些电气元件在电路图中的表示符号、位置、连接方式，及其内部电路等对阅读工程机械电路图有很大的帮助。因此，在阅读接线图时，要正确判断接点标记、线型和色码标志等。

4）了解继电器的工作状态

现代工程机械电路中经常采用各种继电器对一些复杂电路进行控制。了解继电器的工作状态，特别是一些电子继电器的工作状态，对分析工程机械电路有较大的帮助。

阅读工程机械电路图时可以把含有线圈和触点的继电器看成线圈工作的控制电路和触点工作的主电路两部分。主电路中的触点只有在线圈电路中有工作电流流过后才能动作。电路图中所画继电器线圈处于失电状态。

5）掌握回路原则

回路是最简单的电气学概念。无论什么电气设备，要想正常工作（将电能转换为其他形式的能量），必须与电源（发电机或蓄电池）的正、负两极构成回路，即从电源的正极出发，通过电气设备，回到同一电源的负极。

任务实施

阅读并绘制
电路图

（1）工程机械电路有何特点？

① _____

②_____

③_____

④_____

⑤_____

（2）写出图 2 - 1 - 8 所示电气元件的名称。

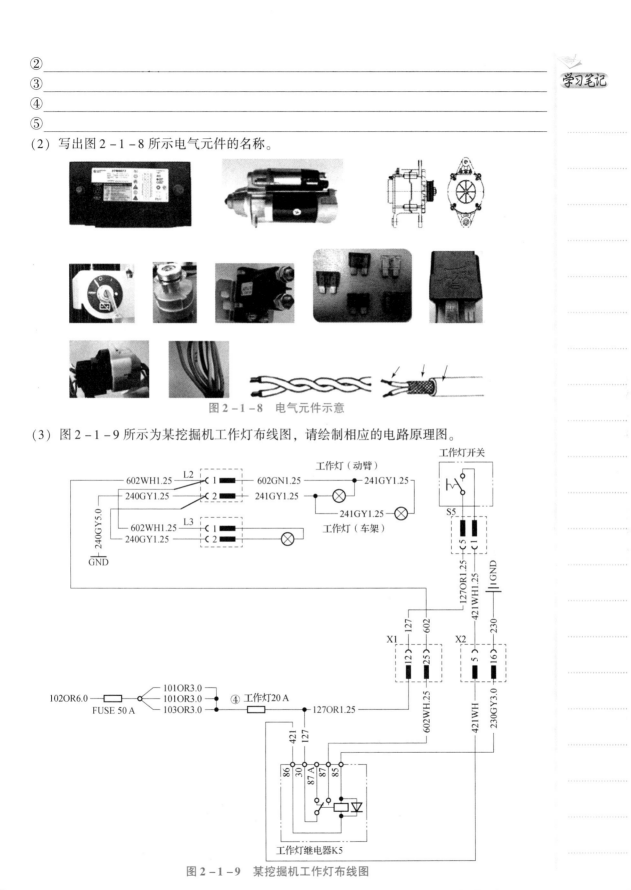

图 2 - 1 - 8　电气元件示意

（3）图 2 - 1 - 9 所示为某挖掘机工作灯布线图，请绘制相应的电路原理图。

图 2 - 1 - 9　某挖掘机工作灯布线图

（4）根据基于图2-1-9所绘制的电路原理图，把它的工作原理说出来并录制下来上传到课程网站。（备注：读图顺序为从电源的正极出发，通过电气设备，回到同一电源的负极。）

（5）检查。

检查分析的原理是否符合图2-1-9所示状况。

（6）评估。

 任务2.2　检修照明系统

学习目标

（1）能够拆装、检测、调整照明系统的各主要电气元件；
（2）能够诊断与排除照明系统常见故障；
（3）能够连接照明系统电路；
（4）具有安全意识。

工作任务

一天早上，张师傅打开挖掘机的电锁，然后打开前照灯开关，发现前照灯不亮。请检测并排除该挖掘机的故障。

相关知识　NEWS

工程机械照明系统一般配有前、后照灯，驾驶室灯，前、后转向灯，刹车灯，车牌灯，前小灯，顶灯，仪表灯，转向指示灯等。其中前大灯装有变光装置，后大灯和驾驶室大灯均有远近光，以保证作业和行驶时的使用要求和方便性要求。在仪表盘上装有24 V插座，供修理时照明之用。

照明设备按其安装位置分为外部照明设备和内部照明设备。外部照明设备包括前大灯、雾灯、车牌灯等。内部照明设备包括顶灯、仪表灯等。

各种照明设备的作用及安装位置如下。

（1）前照灯：用来照亮前方的道路或场地，装在工程机械头部的两端，有两灯制和四灯制之分。

（2）雾灯：在有雾、下雪、暴雨或尘埃弥漫等情况下，用来改善照明情况。工程机械车身每侧装有两只雾灯，安装位置比前照灯稍低，一般离地面约 50 cm，射出的光线倾斜度大，光为黄色或橙色（黄色光波长较大，透雾性能好）。

（3）车牌灯：安装在车尾牌照的上方，用来照亮工程机械牌照号码。车牌灯灯光为白色。

（4）顶灯：用于内部照明，装在驾驶室内顶部。

（5）仪表灯：装在仪表板上，用来照明仪表。

2.2.1　检修前照灯

在照明设备中，前照灯具有特殊的光学结构，而其他照明设备在光学方面则无严格要求，故这里重讨论前照灯。

1. 前照灯应满足的要求

由于工程机械前照灯的照明效果直接影响夜间作业安全和工作效率，故应满足如下要求。

（1）前照灯应保证车前有明亮而均匀的照明，使驾驶员能看清车前 100 m 以上路面或场地上的障碍物。

（2）前照灯应能防止炫目，以免夜间两车相会时使对方驾驶员炫目而造成事故。

2. 前照灯的结构

前照灯主要由反射镜、配光镜、灯泡和灯壳等组成，其中反射镜、配光镜和灯泡 3 个部分称为前照灯的光学系统。

1）反射镜

（1）反射镜的结构。反射镜一般用 0.6 ~ 0.8 mm 的薄钢板冲压而成，近年来已有用热固性塑料制成的反射镜。反射镜的表面为旋转抛物面，如图 2 - 2 - 1 所示。其内表面镀银、铝或铬，然后抛光。由于镀铝反射镜的反射系数可以达到 94% 以上，机械强度也较好，故现在一般采用真空镀铝反射镜。

（2）反射镜的作用。反射镜将灯泡的光线聚合并导同前方，使光度增强几百倍，甚至上千倍。由于前照灯的灯泡功率仅为 40 ~ 60 W，发出的光度有限，所以如无反射镜，只能照亮灯前 6 m 左的路面。有了反射镜之后，前照灯的照明距离可达 150 m 或更远。反射镜的聚光作用如图 2 - 2 - 2 所示。

图 2 - 2 - 1　半封闭式前照灯的反射镜

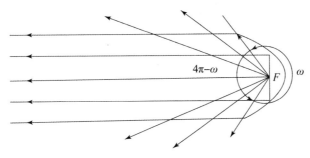

图 2 - 2 - 2　反射镜的聚光作用

2）配光镜

配光镜也称为散光玻璃，是由透明玻璃压制而成的棱镜和透镜的组合体。配光镜的作用是将反射镜反射出的光束进行折射，以扩大光线的照射范围，使车前100 m内的路面各处都有良好而均匀的照明。

3）灯泡

目前工程机械前照灯的灯泡有下列3种。

（1）白炽灯泡。

白炽灯泡的灯丝用钨丝制成（钨的熔点高、发光强）。由于钨丝受热后会升华，将缩短白炽灯泡的使用寿命，所以制造时要先从玻璃泡内抽出空气，然后充以约86%的氩和约14%的氮的混合惰性气体。在充气灯泡内，由于惰性气体受热后膨胀会产生较大的压力，这样可减少钨的升华，故能提高灯丝的温度，增强发光效率，从而延长白炽灯泡的使用寿命。

为了减小灯丝的尺寸，常把灯丝制成紧密的螺旋状，这对聚合平行光束是有利的。白炽灯泡的结构如图2-2-3（a）所示。

（2）卤钨灯泡。

白炽灯泡的灯丝周围被抽成真空并充满了惰性气体，但是钨丝仍然要升华，使灯丝损耗。升华出来的钨沉积在灯泡上，将使灯泡发黑。近年来，国内外已使用了一种新型的灯泡——卤钨灯泡（即在灯泡内所充惰性气体中渗入某种卤族元素），其结构如图2-2-3（b）所示。卤族元素（简称卤素）是指碘、溴等元素。

卤钨灯泡是利用卤钨再生循环反应的原理制成的。卤钨再生循环反应的基本过程是：从灯丝上升华出来的气态钨与卤素反应生成一种挥发性的卤化钨，它扩散到灯丝附近的高温区又受热分解，使钨重新回到灯丝上，被释放出来白卤素继续扩散参与下一次循环反应，如此周而复始地循环下去，从而防止了钨的升华和灯泡的黑化现象。

卤钨灯泡尺寸小，灯壳用耐高温、机械强度较高的石英玻璃或硬玻璃制成，因此，充入惰性气体的压力较高。卤钨灯泡的工作温度高，灯泡内的工作气压比其他灯泡高很多，因此，钨的升华也受到更为有力的抑制。在相同功率下，卤钨灯泡的亮度为白炽灯泡的1.5倍，寿命长2~3倍。

现在使用的卤素一般为碘或溴，相应的卤钨灯泡称为碘钨灯泡或溴钨灯泡。我国目前生产的是溴钨灯泡。

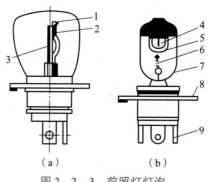

图2-2-3　前照灯灯泡

（a）白炽灯泡；（b）卤钨灯泡

1—配光屏；2，4—近光灯丝；3，5—远光灯丝；
6—定焦盘；7—配光屏；8—泡壳；9—插片

（3）高压放电氙灯泡。

高压放电氙灯泡由弧光灯、电子控制装置、升压器3个部分组成。图2-2-4所示是高压放电氙灯泡的外形及原理示意。

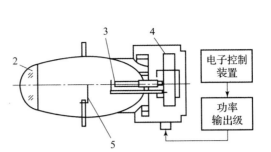

图 2 - 2 - 4　高压放电氙灯泡的外形及原理示意
1—总成；2—透镜；3—弧光灯；4—引燃及稳弧部件；5—遮光部件

　　高压放电氙灯泡发出的光色和日光灯非常相似，亮度是卤钨灯泡的 3 倍左右，使用寿命是卤钨灯泡的 5 倍。高压放电氙灯泡克服了传统灯泡的缺陷，几万伏的高压使其发光强度增加，完全满足工程机械夜间作业的需要。高压放电氙灯泡里没有灯丝，取而代之的是装在石英管内的两个电极，管内充有氙气及微量金属元素（或金属卤化物）。在电极加上数万伏的引弧电压后，气体开始电离而导电，气体原子即处于激发状态，使电子发生能级跃迁而开始发光，电极间蒸发少量水银蒸气，光源立即引起水银蒸气弧光放电，待温度上升后再转入卤化物弧光放电工作。

　　3. 前照灯防炫目措施

　　前照灯的灯泡功率足够大而光学系统设计得又十分合理时，可明亮而均匀地照亮车前 150 m 甚至 400 m 以内的路面。但是前照灯射出的强光会使迎面而来的车辆驾驶员炫目。所谓"炫目"，是指人的眼睛突然被强光照射时，由于视神经受刺激而失去对眼睛的控制，本能地闭上眼睛，或只能看到亮光而看不见暗处物体的生理现象。这时很容易发生事故。

　　为了避免前照灯的炫目现象，保证工程机械夜间作业安全，工程机械常采用以下措施防炫目。

　　1）采用双丝灯泡

　　灯泡的一根灯丝为"远光"，另一根灯丝为"近光"。远光灯丝功率较高，位于反射镜的焦点；近光灯灯丝功率较小，位于焦点上方（或前方）。当夜间行驶而无迎面来车时，接通远光灯丝，使前照灯光束射向远方，以便提高工作效率。当两车相遇时，接通近光灯丝，使光束倾向路面，从而避免迎面来车驾驶员炫目，并将车前 50 m 内的路面照得十分清晰，如图 2 - 2 - 5 所示。

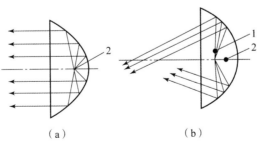

（a）　　　　　　　　　　　（b）

图 2 - 2 - 5　远、近光灯丝光束
（a）远光灯丝光束；（b）近光灯丝光束
1—近光灯丝；2—远光灯丝

　　2）采用带遮光罩的双丝灯泡

　　双丝灯泡中，近光灯丝射向反射镜下部的光线经反射后，将射向斜上方，仍会使对方的驾驶

员轻微炫目。为了克服上述缺陷，可在近光灯丝的下方装上遮光罩。当使用近光灯丝时，遮光罩能将近光灯丝射向反射镜下部的光线遮挡住，使其无法反射，从而提高防炫目效果。目前带遮光罩的双丝灯泡被广泛使用，如图2-2-6所示。

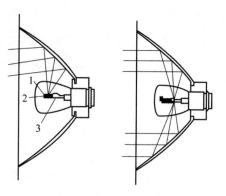

图2-2-6　带遮光罩的双丝灯泡

1—近光灯丝；2—遮光罩；3—远光灯丝

3）采用非对称形配光（ECE方式）

这种防炫目前照灯，安装时将遮光罩偏转一定的角度，使其近光的光形分布不对称。将近光灯右侧光线倾斜升高15°，不仅可以防止驾驶员炫目，还可以防止迎面而来的行人炫目，并且照亮同方向的道路，更加保证了行驶的安全，如图2-2-7所示。Z形光是目前较先进的光形。它不仅可防止对面驾驶员炫目，也可防止非机动人员炫目。

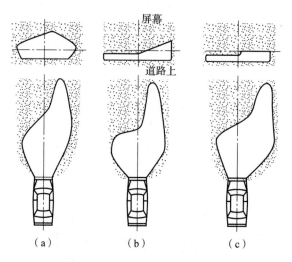

图2-2-7　前照灯的配光形式

（a）对称形；（b）E形非对称形；（c）Z形非对称形

4. 前照灯的分类

按照结构不同，前照灯可分为半封闭式和封闭式两种。

1）半封闭式前照灯

半封闭式前照灯的配光镜与反射镜用粘结剂等粘成一体，灯泡可以从反射镜后端装入，其结构如图2-2-8所示。

半封闭式前照灯的优点是灯丝烧断后只需更换灯泡，其缺点是密封较差。

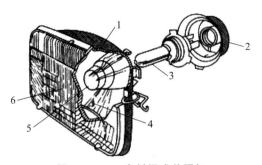

图 2 - 2 - 8　半封闭式前照灯

1—灯壳；2—灯泡卡壳；3—灯泡；4—反射镜；5—玻璃球面；6—配光镜

2）全封闭式前照灯

全封闭式前照灯的反射镜和配光镜熔焊为一个整体，灯丝焊在反射镜底座上。反射镜的反射面经真空镀铝，灯内充以惰性气体与卤素。其结构见图 2 - 2 - 9 所示。

全封闭式前照灯的优点是密封性能好、反射镜不会受到大气的污染、反射效率高、使用寿命长。其缺点是灯丝烧坏后需整体更换，成本较高。

前照灯按形状的不同可分为圆形、矩形与异形前照灯；按发射光束类型的不同可分为远光灯、近光灯与远/近光灯几种；按安装方式的不同可分为内装式和外装式前照灯。

为了加强流线型，极力避免突出部分，大多数工程机械选用内装式前照灯。

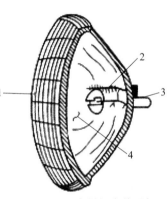

图 2 - 2 - 9　全封闭式前照灯

1—配光镜；2—灯丝；3—插片；
4—反射

5. 前照灯的检修

1）前照灯的使用和维护

前照灯的使用和维护应注意以下几点。

（1）前照灯要根据商标的标示方向来安装，不得倾斜、倒置，否则灯光不能按需要照射路面。

（2）应保持配光镜清洁，若有污垢应擦拭干净。

（3）应保持反射镜清洁，若有灰尘应用压缩空气吹净。若有脏污，对于镀铬、镀铝的反射镜，可用清洁的棉纱沾酒精，由反射镜内部向外部或以螺旋形擦拭干净；对于镀银的反射镜，由于镀层比较娇嫩，不能擦拭，只能用热水清洗。

（4）应保持前照灯的密封性良好，以防潮气侵入。配光镜和反射镜之间的密封垫圈应固定好，如有损坏应及时更换。

（5）前照灯的接线应该正确、牢靠。

（6）换用全封闭式前照灯时，应注意搭铁极性，透过灯罩可以看见两根灯丝共同连接的灯脚为搭铁，粗灯丝为远光灯丝，细灯丝为近光灯丝；如果装错，则前照灯不能正常发光。

2）前照灯的检查与调整

为了在夜间行驶时，使路面有明亮而又均匀的照明并且不使对面来车的驾驶员炫目，保证行车安全，应定期检查前照灯的照明情况，必要时应根据工程机械使用说明书予以调整。前照灯光束调整可采用屏幕调整和仪器调整两种方式进行。无论采用何种方式，检查与调整前都应做到：轮胎气压符合规定，前照灯配光镜表面清洁，车空载，驾驶室只准许乘坐一名驾驶员，场地平整，对装用远、近光双丝灯泡的前照灯以调整近光光束为主。

前照灯在使用过程中光轴方向偏斜（或更换新前照灯总成）时，应进行调整。调整一般分外侧调整式和内侧调整式两种，如图 2－2－10 所示。可用工具转动前照灯上下、左右的调整螺钉，调整前照灯的光束位置。半封闭式前照灯的调整方法如图 2－2－10（a）所示，调整前应先拆下前照灯罩板，然后拧转正上方螺钉 1，以调整光束的上、下位置，再拧转侧面螺钉 2，以调整光束的左、右位置。

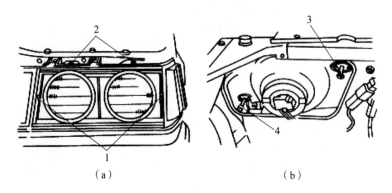

图 2－2－10　前照灯的调整

（a）外侧调整式；（b）内侧调整式

1—左右调整螺钉；2—上下调整螺钉；3—左右调整钮；4—上下调整钮

6. 前照灯的控制

为了保证夜间作业的安全与方便，降低驾驶员的劳动强度，近年来出现了多种新型的前照灯控制系统，常用的有自动变光、自动点亮、延时控制等。

1）自动变光系统的控制电路

在夜间行驶时，为了防止迎面来车的驾驶员炫目，影响行车安全，驾驶员必须频繁使用变光开关。前照灯自动变光系统可以根据迎面来车的灯光强度，调节前照灯的远光自动变为近光。图 2－2－11 所示为自动变光系统的控制电路。其工工作原理如下。

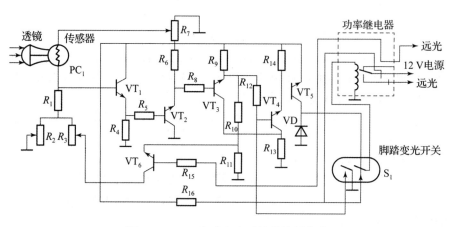

图 2－2－11　自动变光系统的控制电路

当迎面来车的前照灯光线照射到传感器时，通过透镜将光线聚集到光敏元件上，通过放大器信号触发功率继电器，功率继电器将前照灯自动从远光变为近光。当迎面来车驶过后，传感器不再被灯光照射，于是放大器不再向功率继电器输送信号，前照灯又恢复到远光照明。

光敏电阻 PC 用来传感光照情况，其电阻与光强成反比。在受到光线照射前，具电阻较大，但受光照后。其电阻迅速减小，PC_1 和 R_1、R_2、R_3、R_7 以及 VT_6 组成 VT_1 的偏压电路。当远光灯丝接通时，VT_6 导通，PC_1 受到光照作用，电阻减小到一定值时，VT_1 基极上的偏压刚好能产生光束转换，即从远光变为近光；近光灯丝接通后，VT_6 截止，这时偏压电路中只有 R_7、PC_1、R_1 和 R_2，因此灵敏度升高，当迎面来车驶过后，PC_1 的电阻增大，VT_1 截止，前照灯立即由近光变为远光。

射极输出器 VT_1 的输出由 VT_2 放大并反相，VT_2 的输出加在施密特触发器 VT_3 和 VT_4 上，VT_4 的集电极控制功率继电器激励三极管 VT_5。当 VT_2 的集电极电压超过施密特触发器的阈值时，VT_3 导通，VT_4 截止，VT_5 加偏压截止，功率继电器的触点接通远光灯丝，当 PC_1 受到迎面来车的光线照射时，其电阻减小，放大器 VT_1 和 VT_2 的输出电压低于施密特触发器的阈值，VT_3 截止，VT_4、VT_5 导通，功率继电器线圈有电流通过，从而接通近光灯丝，直到迎面来车驶过后功率继电器又接通远光灯丝。

当脚踏变光开关 S_1 被踏下时，功率继电器断电，VT_4 基极搭铁，前照灯始终使用远光灯丝。

2）自动点亮系统的控制电路

自动点亮系统的控制电路如图 2-2-12 所示。

当前照灯开关位于 AUTO 位置时，由安装在仪表板上部的光传感器检测周围的光线强度，自动控制灯光点亮。其工作原理如下。

当车门关闭，点火开关处于 ON 状态时，触发器控制晶体管 VT_1 导通，为灯光自动控制器提供电源。

（1）周围环境明亮时。

当周围环境的亮度比夜幕检测电路的熄灯照度 L_1（约 550 Lx）及夜间检测电路的熄灯照度 L_2（约 200 Lx）更大时，夜幕检测电路与夜间检测电路都输出低电平，晶体管 VT_2 和 VT_3 截止，所有灯都不工作。

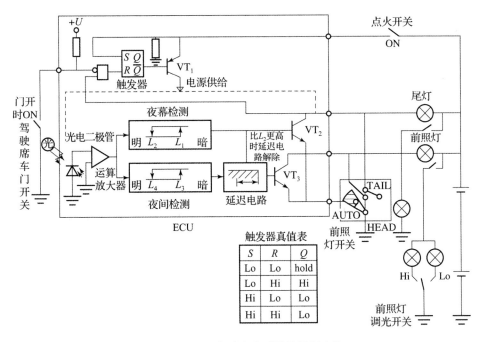

图 2-2-12　自动点亮系统的控制电路

（2）夜幕及夜间。

当周围环境的亮度比夜幕检测电路的点灯照度 L_1（约 130 Lx）小时，夜幕检测电路输出高电平，使 VT_2 导通，点亮尾灯。当光线更暗的时候，达到夜间点灯电路的点灯照度 L_3（约 50 Lx）以下时，夜间检测电路输出高电平，此时，延迟电路也输出高电压，使晶体管 VT_3 导通，点亮前照灯。

（3）接通后周围亮度变化时。

在前照灯点亮时，在路灯等使周围环境变得明亮的情况下，夜间检测电路的输出变为低电平，但在延迟电路的作用下，在时间 T 期间，VT_3 仍保持导通状态，因此前照灯不熄灭。在周围的亮度比夜幕检测电路的熄灯照度 L_1 更大的情况下（如白天工程机械从隧道中驶出来），夜幕检测电路输出低电平，从而解除延迟电路，尾灯和前照灯都立即熄灭。

（4）自动熄灯时。

当点火开关断开，使发动机停止工作时，触发器 S 端子断电，处于低电平。但是，触发器由 $+U$ 供电，VT_2 仍处于导通状态，因为触发器 R 端子上也是低电平，不能改变触发器的输出端 Q 的状态。在这种状态下打开车门时，触发器 R 端子上就变成高电平，Q 端子输出就反转成为高电平，向电路供应电源的晶体管 VT_1 截止，VT_2 及 VT_3 也截止，所有灯都熄灭。在上述情况下，当在夜间或黑暗的地方施工结束后，在下车前，前照灯照亮周围，给人员下车提供了方便。

3）延时控制系统的控制电路

延时控制系统的控制电路可使前照灯在电路被切断后仍继续照明一段时间后自动熄灭，为驾驶员离开黑暗的停车场所提供方便。

美国得克萨斯仪表公司研制的延时控制系统的控制电路如图 2−2−13 所示。

其工作原理如下。当工程机械停驶，切断点火开关时，晶体管 VT_3 处于截止状态。此时电容 C_1 立即经 R_4、R_3 开始充电；当 C_1 上的电压达到单结晶体管 VU_2 的导通电压时，C_1 通过其发射极、基极和电阻 R_7 放电，于是在 R_7 上产生一个电压脉冲，使晶体管 VT_3 瞬时导通，消除加在晶闸管 VT 上的正向电压，使晶闸管 VT 截止；随后，VT_3 很快恢复截止，晶闸管还来不及导通，前照灯继电器失电而使其触点 K′ 打开（如图示位置），将前照灯电路切断，实现自动延时关灯的功能。

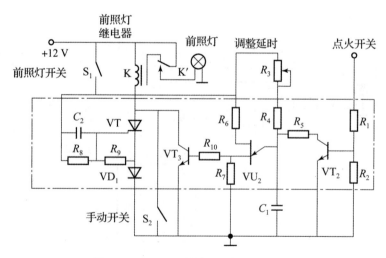

图 2−2−13　延时控制系统的控制电路

7. 车灯型号

1）外照灯型号

外照灯型号由 6 个部分组成。

（1）产品代号。按产品的名称顺序适当选取两个单字，并以这两个单字的汉语拼音的第一个字母组成产品代号，见表 2 - 2 - 1。

表 2 - 2 - 1　外照灯产品代号的组成

产品名称	外装式外照灯	内装式外照灯	四制灯	组合式前照灯
代号	WD	ND	SD	HD

（2）透光尺寸。圆形灯以透光直径（mm）表示，方形灯以透光面长（mm）×宽（mm）表示。

（3）结构代号。结构代号分为半封闭式和全封闭式两种，全封闭式用"封"字的汉语拼音的第一个字母"F"表示，半封闭式不加标注。

（4）分类代号。外照灯按其适用车型分类，如拖拉机用"T"表示，摩托车用"M"表示，而车用外照灯不加标注。

（5）设计序号。按产品设计的先后顺序，用阿拉伯数字表示。

（6）变型代号。外照灯同时兼作雾灯使用时，其代号用"雾"字汉语拼音的第一个字母"W"表示。

2）内照灯和信号灯型号

内照灯和信号灯的型号由 3 个部分组成。

（1）产品代号。内照灯以"内"和"照"两个字的汉语拼音的第一个字母"NZ"表示；信号灯以"信"和"号"两个字的汉语拼音的第一个字母"XH"表示。

（2）用途代号。用途代号以 1 位阿拉伯数字表示，其含义见表 2 - 2 - 2。

（3）设计序号。按产品设计的先后顺序，用阿拉伯数字表示。

例如，ND228 x 148 - 2，表示汽车内装式前照灯，方形灯的透光面长 228 mm、宽 148 mm，灯光组为半封闭式，第二次设计。

表 2 - 2 - 2　内照灯和信号灯用途代号

用途代号	0	1	2	3	4	5	6	7	8	9
内照灯	其他	厢灯	仪表灯	门灯	阅读灯	踏步灯	车牌灯	工作灯	—	—
外照灯	其他	前转向灯	示廓灯	尾灯	制动灯	倒车灯	反射灯	组合式前信号灯	组合式后信号灯	指示灯

2.2.2　检修照明系统电路

工程机械前照灯电路是照明系统电路中比较复杂的电路之一，在这里以前照灯电路为例，介绍其检修方法和步骤，其他照明设备电路可以借鉴前照灯电路进行检修。

1. 前照灯远光和近光都不亮故障诊断

1）故障原因

（1）灯泡烧坏。

（2）灯丝烧断。

（3）灯开关及其导线连接不良或断路。

（4）变光开关有故障。

2）故障诊断方法

（1）检查灯丝是否烧断。

（2）用万用表检测灯丝电阻是否正常；检测灯泡供电电压。

（3）检测灯丝两端的对地电压，若两端均为电源电压，则灯丝正常；若一端为电源电压，另一端无电压，则应更换灯丝。

（4）用万用表检测灯开关在不同挡位时各端子导通是否正常。若不导通，说明灯开关及其导线连接不良或断路。

（5）用万用表检测变光开关在不同挡位时各端子导通是否正常。若不导通，说明变光开关有故障。

2. 仪表板上的远光指示灯不亮故障诊断

1）故障原因

（1）指示灯烧坏。

（2）中央电路板插接器及其导线连接不良或断路。

（3）仪表板上的电路断路。

2）故障诊断方法

（1）检查灯丝是否烧断或用万用表检测灯丝电阻是否正常。

（2）检测灯泡供电电压，如果供电电压不正常，应更换灯泡。

（3）用万用表检查中央电路板插接器及其导线连接情况，找出断路部位。

（4）用万用表检查仪表板上的电路，找出断路部位。

3. 一侧远（近）光灯亮，另一侧远（近）光灯不亮故障诊断

1）故障原因

（1）灯泡烧坏。

（2）灯丝烧断。

（3）单侧供电或接地电路断路。

2）故障诊断方法

（1）检查灯丝是否烧断。

（2）用万用表检测灯丝电阻是否正常；用万用表检测灯泡供电电压，如果供电电压不正常，应更换灯泡。

（3）检测灯丝两端的对地电压，若两端均为电源电压，则灯丝正常；若一端为电源电压，另一端无电压，则应更换灯丝。

（4）用万用表电压挡分别检测单侧不亮灯光电路的供电或接地电路，若供电、接地端子对地电压均为电源电压，说明接地电路断路；若供电、接地端子对地均无电压，说明供电电路断路。

4. 一侧远（近）光灯亮，另一侧远（近）光灯暗故障诊断

1）故障原因

（1）插接器接触不良。

（2）灯泡接地不良。

（3）灯泡功率不足。

2）故障诊断方法

（1）断开灯泡插接器，检查灯泡插接器是否有烧蚀、松动现象。

（2）检查灯泡接地线是否松动，若松动，说明灯泡接地不良。

（3）将两侧灯泡对调，观察亮度变化。若灯暗一侧随灯泡调换位置而移动，说明该灯泡功率不足，应更换新灯泡；否则，应进行电路检查。

任务实施

（1）基础知识。

①工程机械照明系统主要由_____、_____、_____和连接导线等组成。

②前照灯应保证车前有明亮而均匀的照明，使驾驶员能看清车前_____m以内路面或场地上的障碍物。

③前照灯的光学系统包括_____、_____和_____3个部分。

④灯泡有_____、_____、_____3种。

⑤图2-2-14中反射镜是图_____，其作用是_____；配光镜是图_____，其作用是_____。

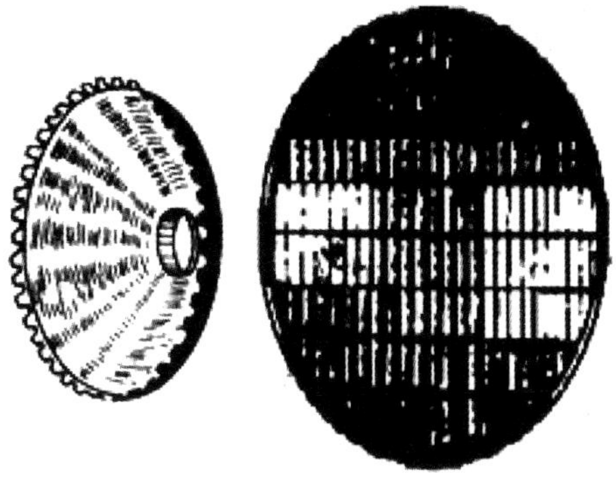

（a）　　　　　（b）

图2-2-14　反射镜

⑥为了避免前照灯的_____现象，保证工程机械夜间作业安全，一般在工程机械上都采用_____灯泡的前照灯，包括_____灯丝和_____灯丝，分别位于反射镜的_____和_____。

（2）电路分析。

①图2-2-15所示是某挖掘机照明系统电路图，包括动臂灯、车架灯、室内灯及驾驶室顶灯，其中驾驶室顶灯属于选配。该电路中的组成元件有哪些？

②请分别分析室内灯、驾驶室顶灯的工作原理。

（3）室内灯、驾驶室顶灯不亮的故障诊断。

检测机型：_____

故障现象：_____
检测流程：

故障结果分析：

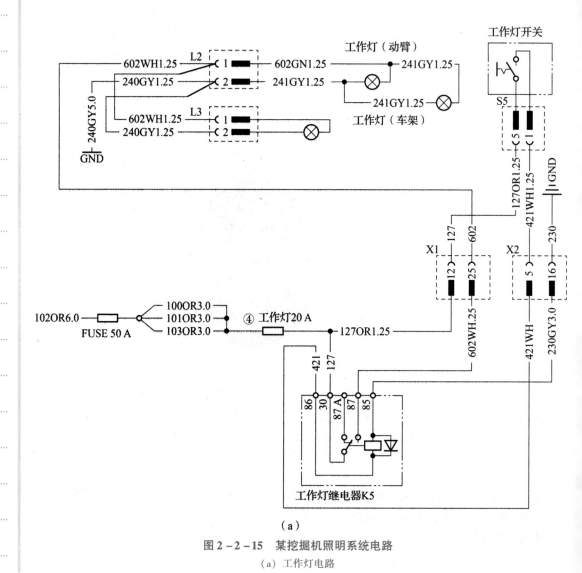

（a）

图 2－2－15　某挖掘机照明系统电路

（a）工作灯电路

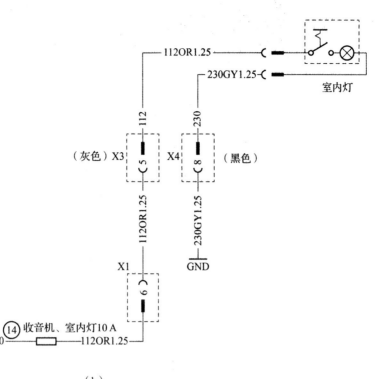

（b）

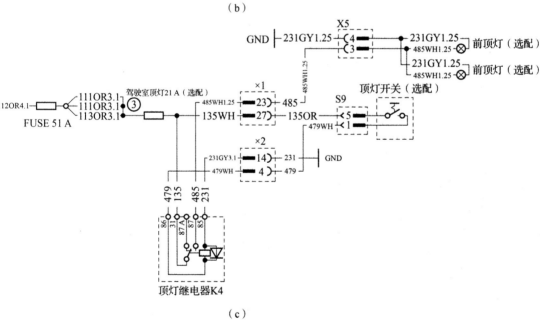

（c）

图 2 - 2 - 15　某挖掘机照明系统电路（续）

（b）室内灯电路；（c）驾驶室顶灯电路

（4）检查。

检查故障是否成功排除。

（5）评估。

任务 2.3　检修信号系统

学习目标

（1）能够分析闪光继电器的工作原理；
（2）掌握喇叭的工作原理；
（3）能够查找并排除信号系统故障；
（4）具有安全意识。

工作任务

有一台 856H 装载机，打开电锁，打开转向信号灯，转向信号灯不亮，按电喇叭开关，电喇叭不响。请检测并排除它的故障。

相关知识

信号系统的作用是通过声、光向其他工程机械的驾驶员或行人发出警告，以引起注意，确保工程机械行驶和作业安全。

工程机械信号系统由信号装置、电源和控制电路等组成。信号装置分为灯光信号装置和声响信号装置两类。灯光信号装置包括转向信号灯、倒车灯、制动信号灯和示廓灯；声响信号装置包括喇叭、报警蜂鸣器和倒车蜂鸣器等。

2.3.1　检修转向信号灯

转向信号灯的作用是在工程机械转弯、变换车道或在路边停车时，接通转向开关，发出明暗交替的闪光信号，用以指示工程机械的转向方向，提醒周围工程机械的驾驶员或施工人员注意，保证人身安全。转向信号灯一般安装在前、后、左、右四角，有些工程机械两侧中间也安装有转向信号灯。转向信号灯的灯光颜色一般为橙色。工程机械在遇到危险或紧急情况时，常用转向信号灯作为危险报警灯，当接通危险警报开关时，工程机械的前、后、左、右转向信号灯同时闪烁，作为危险报警信号。

1. 闪光继电器

闪光继电器又称为闪光器。转向信号灯的闪烁由闪光继电器控制。

闪光继电器按结构和工作原理可分为电热丝式（俗称电热式）、电容式、翼片式、电子式等多种。目前电子式闪光继电器由于性能稳定、价格低廉、工作可靠等优点得到广泛应用。电子式闪光继电器又分为晶体管式和集成电路式。

1) 晶体管式闪光继电器

晶体管式闪光继电器可分为有触点式和无触点式。

（1）有触点晶体管式闪光继电器。

有触点晶体管式闪光继电器的电路如图 2-3-1 所示。它由一个晶体管的开关电路和一个继电器组成。

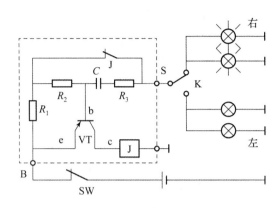

图 2-3-1　有触点晶体管式闪光继电器的电路

当工程机械向右转弯时，接通电源开关 SW 和转向开关 K，电流由蓄电池正极→电源开关 SW→接线柱 B→电阻 R_1→继电器 J 的常闭触点→接线柱 S→转向开关 K→右转向信号灯→搭铁→蓄电池负极，右转向信号灯亮。当电流通过 R_1 时，在 R_1 上产生电压降，晶体管 VT 因正向偏压而导通，集电极电流通过继电器 J 的线圈，使继电器 J 常闭触头立即断开，右转向信号灯熄灭。

晶体管 VT 导通的同时，VT 的基极电流向电容器 C 充电。充电电路是：蓄电池正极→电源开关 SW→接线柱 B→VT 的发射极 e→VT 的基极 b→电容器 C→电阻 R_3→接线柱 S→转向开关 K→右转向信号灯→搭铁→蓄电池负极。在充电过程中，电容器两端的电压逐渐增高，充电电流逐渐减小，晶体管 VT 的集电极电流也随之减小，直至晶体管 VT 截止，继电器 J 的线圈断电，常闭触点又重新闭合，转向信号灯再次点亮。这时电容器 C 通过电阻 R_2、继电器 J 的常闭触点、电阻 R_3 放电。放电电流在 R_2 上产生的电压降为 VT 提供反向偏压，加速了 VT 的截止，使继电器 J 的常闭触点迅速断开。当放电电流接近零时，R_1 上的电压降又为 VT 提供正向偏置电压使其导通。这样，电容器 C 不断地充电和放电，晶体管 VT 也就不断地导通与截止，控制继电器 J 的触点反复地闭合、断开，使转向信号灯闪烁。

（2）无触点晶体管式闪光继电器。

图 2-3-2 所示为国产 SG131 型全晶体管式（无触点）闪光继电器的电路。它是利用电容器充放电延时的特性，通过控制晶体管 VT 的导通和截止来控制灯光，从而达到闪光的目的。

接通转向开关后，晶体管 VT_1 的基极电流由两路提供，一路经电阻 R_2，另一路经 R_1 和 C，使 VT_1 导通。VT_1 导通时，则 VT_2、VT_3 组成的复合管处于截止状态。由于 VT 的导通电流很小，仅 60 mA 左右，所示转向信号灯暗。与此同时，电源对电容器 C 充电，随着 C 的端电压升高，充电电流减小，VT_1 的基极电流减小，使 VT_1 由导通变为截止。这时 A 点电位升高，当其电位达到 1.4 V 时，VT_2、VT_3 导通，于是转向信号灯亮。此时电容器 C 经过 R_1、R_2 放电，放电时间为灯亮时间。C 放完电，接着又充电，VT_1 再次导通，使 VT_2、VT_3 截止，转向信号灯又熄灭，C 的充电时间为灯灭的时间。如此反复，使转向信号灯闪烁。改变 R_1、R_2 的电阻值和 C 的大小以及 VT_1 的值，即可改变闪光频率。

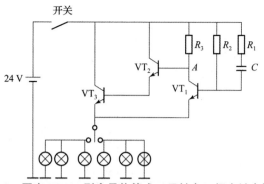

图 2 – 3 – 2 　国产 SG131 型全晶体管式（无触点）闪光继电器的电路

2）集成电路式闪光继电器

集成电路式闪光继电器是用集成电路取代晶体管电路，也分为有触点式和无触点式。

（1）集成块和小型继电器组成的有触点集成电路式闪光继电器。

U243B 是专为制造闪光继电器而设计制造的，标称电压为 12 V，实际工作电压范围为 9～18 V，采用双列 8 脚直插塑料封装，其引脚及电路如图 2 – 3 – 3 所示。内部电路主要由输入检测器 SR、电压检测器 D、振荡器 Z 及功率输出级 SC 四部分组成。它的主要功能和特点为：当一个转向信号灯损坏时闪烁频率加倍；抗瞬时电压冲击为 ±125 V，0.1 ms；输出电流可达到 300 mA。

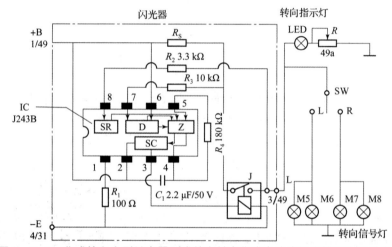

图 2 – 3 – 3 　集成块和小型继电器组成的有触点集成电路式闪光器继电器的电路

SR—输入检测器；D—电压检测器；Z—振荡器；SC 功率输出级，R_s—取样电阻；J—继电器

输入检测器用来检测转向开关是否接通。振荡器由一个电压比较器和外接电阻 R_4 及外接电容器 C_1 构成。内部电路给比较器的一端提供了一个参考电压，其值的大小由电压检测器控制；比较器的另一端则由 R_4 及 C_1 提供一个变化的电压，从而形成电路的振荡。

振荡器工作时，输出级的矩形波便控制继电器线圈的电路，使继电器触点反复开闭，于是转向信号灯及其指示灯便以 80 次/min 的频率闪烁。

如果一只转向信号灯烧坏，则流过取样电阻 R_s 的电流减小，其电压降随之减小，经电压检测器识别后便控制振荡器的参考电压，从而改变振荡（即闪烁）频率，则转向信号灯闪烁率提高 1 倍，以提示操作人员转向信号灯电路出现故障，需要检修。

（2）带蜂鸣器的无触点集成电路式闪光继电器。

图 2 – 3 – 4 所示为带蜂鸣器的无触点集成电路式闪光继电器的电路。它是用大功率晶体管 VT_1

代替了有触点式中的继电器,利用晶体管的开关作用实现对转向信号灯开、关的控制,同时还增设了声响功能,构成了声光并用的转向信号装置,以引起人们对工程机械转向的注意,提高安全性。

当转向开关 S 接通时,电源便通过 VD_1(或 VD_2)、R_1、电位器 R_p 向电容器 C_1 充电,使555集成定时器的管脚6、2的电位逐渐升至高电平。由555集成定时器的逻辑功能得知,管脚6、2为高电平时,输出端3为低电平,同时管脚7和1导通;反之,输出端3转为高电平,管脚7和1截止。因此,此时输出端3为低电平,该低电平加到 VT_1 和 VT_2 的基极上,VT_1 和 VT_2 截止,转向信号灯不亮,蜂鸣器无声。同时管脚7和1导通,电容器 C_1 便通过电位器 R_p、管脚7和1放电,使管脚6、2逐渐降为低电平,输出端转为高电平,因此 VT_1 和 VT_2 导通,接通了转向信号灯及蜂鸣器的电路,转向信号灯亮,蜂鸣器发出声响。同时由于管脚7和1截止,电源又向电容器 C_1 充电,结果使管脚6、2变为高电平,输出端3变为低电平,VT_1 和 VT_2 又截止,转向信号灯和蜂鸣器的电路被切断,所以转向信号灯熄灭,蜂鸣器停止鸣响。同时由于管脚7和1导通,电容又开始放电,使管脚6、2降为低电平,输出端3又变为高电平,VT_1 和 VT_2 又导通,转向信号灯又点亮,蜂鸣器又鸣响,如此反复,发出转向信号灯音响信号。若闪光频率不符合要求,可用电位器进行调整。

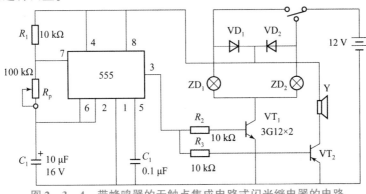

图 2 - 3 - 4 带蜂鸣器的无触点集成电路式闪光继电器的电路

2. 闪光继电器的型号

闪光继电器的型号表示如下。

1	2	3	4	5

1 为产品代号,SG 表示普通闪光继电器,SGD 表示电子闪光继电器。
2 为电压等级代号,1 表示 12 V,2 表示 24 V,6 表示 6 V。
3 为结构代号,见表 2 - 3 - 1。
4 为设计序号,按产品的先后顺序,用阿拉伯数字表示。
5 为变型代号。

表 2 - 3 - 1 闪光继电器结构代号

结构代号	1	2	3	4	5	6	7	8	9
普通闪光继电器	电容式	电热丝式	翼片式	—	—	—	—	—	—
电子闪光继电器	—	—	—	无触点式	有触点式	无触点复合式	有触点复合式	带蜂鸣器无触点复合式	带蜂鸣器有触点复合式

3. 闪光继电器的检修

1）闪光继电器的就车检查

以无触点式电子闪光继电器为例且在转向信号灯完好时进行检查。

（1）在点火开关置于"ON"位置时，将转向信号灯开关打开，观察转向信号灯的闪烁情况：如果闪光继电器正常，那么相应转向信号灯应随之闪烁；如果转向信号灯不闪烁（常亮或不亮），则表示闪光继电器自身或电路故障。

（2）此时，用万用表检测闪光继电器电源接线柱 B 与搭铁之间的电压，正常值为蓄电池电压；如果无电压或电压过低，则表示闪光继电器电源电路故障。

（3）用万用表 R×1 挡检测闪光继电器的搭铁接线柱 E 与可调直流稳压电源的搭铁情况，正常时电阻为零，否则表示闪光继电器搭铁电路故障。

（4）在闪光继电器灯泡接线柱 L 与搭铁之间接一个二极管开关管试灯，在正常情况下，灯泡应闪烁；否则表示闪光继电器内部晶体管元件故障。

2）闪光继电器的独立检测

将可调直流稳压电源、闪光继电器、试灯按照图 2-3-5 所示接入试验电路，检测闪光继电器的工作情况。将可调直流稳压电源的输出电压调至闪光继电器的工作电压，接通试验电路，观察灯泡闪烁情况。如果灯泡能够正常闪烁，则闪光继电器完好；如果灯泡不亮，则表明闪光继电器损坏。

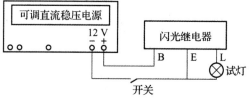

图 2-3-5　闪光继电器的试验电路

4. 转向信号灯电路检修

1）危险报警灯和转向信号灯都不工作

（1）故障原因。

①搭铁不良。

②熔丝熔断。

③危险报警灯和转向信号灯共用继电器损坏。

（2）故障诊断方法。

①检修导线。

②检测并更换熔丝。

③检修继电器。

2）危险报警灯和转向信号灯工作正常，但仪表板上的指示灯不亮

（1）故障原因。

①转向信号灯导线断路或接触不良。

②指示灯损坏。

（2）故障诊断方法。

①检测导线。

②检修指示灯。

3）转向信号灯工作，但危险报警灯不工作

（1）故障原因。

①熔丝熔断。

②危险报警灯开关或相关导线有故障。

（2）故障诊断方法。

①检查熔丝。

②检修开关和导线。

4）危险报警灯工作，而转向信号灯不工作

（1）故障原因。

①熔丝熔断。

②转向信号灯开关或连接导线有故障。

（2）故障诊断方法。

①检查熔丝。

②检修开关和导线。

2.3.2 检修其他灯光信号装置

1. 倒车灯和倒车蜂鸣器

倒车灯和倒车蜂鸣器或倒车语音报警器组成倒车信号装置，其作用是当工程机械倒车时，发出灯光和声响信号，警告工程机械后面及周围的施工人员或行人，表示正在倒车。

倒车灯位于工程机械的尾部，受倒挡开关控制，其灯罩为白色。倒车灯与倒车蜂鸣器共同工作，前者发出灯光闪烁信号，后者发出断续的鸣叫信号。倒车灯与倒车蜂鸣器皆由倒车开关控制。

倒车开关的结构如图2-3-6所示。当把变速杆拨到倒车挡时，由于倒车开关中的钢球1被松开，在弹簧5的作用下，触点4闭合，于是倒车灯、倒车蜂鸣器便与电源接通，使倒车灯发出闪烁信号，倒车蜂鸣器发出断续的鸣叫声。

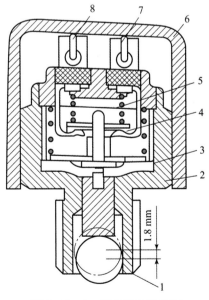

图 2-3-6　倒车开关的结构

1—钢球；2—壳体；3—膜片；4—触点；5—弹簧；6—保护罩；7，8—导线

2. 制动信号灯

制动信号灯又称为刹车灯，其作用是在工程机械制动停车或减速时，向其后或附近的施工人员和行人发出制动信号，提醒注意。制动信号灯通常安装在工程机械的尾部，灯罩为红色。

3. 示廓灯

示廓灯的作用是工程机械在夜间行驶或作业时，标示工程机械的宽度和高度，以免发生碰撞事故。示廓灯安装在工程机械前、后的上部边缘。前示廓灯的颜色为白色或橙色，后示廓灯的颜色一般为红色。

2.3.3 检修喇叭

喇叭的作用是警告行人、现场施工人员和其他工程机械驾驶员，以引起注意，保证行车和作业安全。

1. 喇叭的分类

喇叭按发声动力有气喇叭和电喇叭之分；按外形有螺旋形、盆形、筒形之分，如图2-3-7所示；按发声频率有高音和低音之分；按接线方式有单线制和双线制之分。

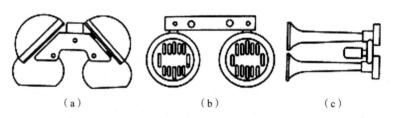

（a） （b） （c）

图2-3-7 喇叭的外形
（a）螺旋形；（b）盆形；（c）筒形

气喇叭是利用气流使金属膜片振动而产生声响，其外形一般为筒形。气喇叭一般用在具有空气制动装置的重型载重工程车辆上。电喇叭是利用电磁力使金属膜片振动而产生声响，其声音悦耳。

电喇叭按有无触点可分为普通电喇叭和电子电喇叭。普通电喇叭主要是靠触点的闭合和断开控制电磁线圈，激励膜片振动而产生声响的。电子电喇叭内部无触点，它是利用晶体管电路的导通与截止来激励膜片振动而产生声响的。在中小型工程车辆上，由于安装的位置限制，多采用螺旋形电喇叭。螺旋形电喇叭具有体积小、质量小、指向好、噪声小等优点。

2. 电喇叭的结构与工作原理

1）筒形、螺旋形电喇叭

筒形、螺旋形电喇叭的结构如图2-3-8所示。其主要由"山"字形铁芯5、线圈11、衔铁10、振动膜片3、共鸣板2、扬声筒1、触点16以及电容器17等组成。振动膜片3和共鸣板2由中心杆15与衔铁10、音量调整螺母13、锁紧螺母14连成一体。当按下喇叭按钮20时，电流由蓄电池正极→接线柱19（左）→线圈11→触点16→接线柱19（右）→喇叭按钮20-搭铁→蓄电池负极。当电流通过线圈11时，产生电磁吸力，吸下衔铁10，中心杆15上的音量调整螺母13压下活动触点臂，使触点16分开而切断电路。此时线圈11电流中断，电磁吸力消失，在弹簧9和振动膜片3的弹力作用下，衔铁又返回原位，触电闭合，电路又接通。如此反复循环上述过程，膜片不断振动，从而发出一定声调的声波。由扬声筒1加强后传出。共鸣板2与振动膜片3

刚性连接，在振动时发出陪音，使声音更加悦耳，为了减小触点火花，保护好触点，在触点16间并联了一个电容器（或消弧电阻）。

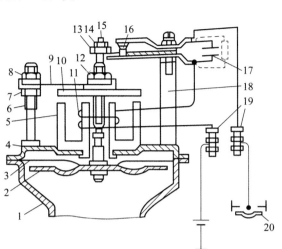

图 2 – 3 – 8　筒形、螺旋形电喇叭的结构

1—扬声筒；2—共鸣板；3—振动膜片；4—底板；5—"山"字形铁芯；6—螺栓；7—螺柱；8，12，14—锁紧螺母；
9—弹簧片；10—衔铁；11—线圈；13—音量调整螺母；15—中心杆；16—触点；17—电容器；
18—触点支架；19—接线柱；20—喇叭按钮

2）盆形电喇叭

盆形电喇叭的工作原理与筒形、螺旋形电喇叭相同，其结构如图 2 – 3 – 9 所示。

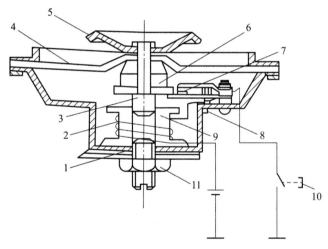

图 2 – 3 – 9　盆形电喇叭的结构

1—下铁芯；2—线圈；3—上铁芯；4—膜片；5—共鸣板；6—衔铁；
7—触点；8—调整螺钉；9—铁芯；10—喇叭按钮；11—锁紧螺母

电磁铁采用螺管式结构，铁芯9上绕有线圈2，上、下铁芯间的气隙在线圈2中间，因此能产生较大的吸力。它无扬声筒，而是将上铁芯3、衔铁6、膜片4和共鸣板5固定装在中轴上。当按下喇叭按钮时，电喇叭电路通电，电流由蓄电池正极→线圈2→触点7→喇叭按钮10→搭铁→蓄电池负极，从而形成回路。当电流通过线圈2时，产生电磁力，吸引上铁芯3，带动膜片4中心下移，上铁芯3与下铁芯1相碰，同时带动衔铁6运动，压迫触点臂将触点7打开，触点

7 打开后线圈 2 电路被切断，磁力消失，上铁芯 3 及膜片 4 又在触点臂和膜片 4 自身弹力的作用下复位，触点 7 又闭合。触点 7 闭合后，线圈 2 又通电产生磁力，吸引上铁芯 3 下移与下铁芯 1 再次相碰，触点 7 再次打开，如此循环重复以上动作，触点以一定的频率打开、闭合，膜片不断振动而发出声响，通过共鸣板 5 产生共鸣，从而产生音量适中、和谐悦耳的声音。为了保护触点，在触点 7 之间同样也并联了一只电容器（或消弧电阻）。

3）电子电喇叭

电子电喇叭的结构如图 2 - 3 - 10 （a）所示，其电路原理图如图 2 - 3 - 10 （b）所示。

当电子喇叭电路接通电源后，晶体管 VT 加正向偏压而导通，线圈中有电流通过，产生电磁力，吸引上衔铁，连同绝缘膜片和共鸣板一起动作，当上衔铁与下衔铁接触而直接搭铁时，晶体管 VT 失去偏压而截止，切断线圈中的电流，电磁力消失，绝缘膜片与共鸣板在弹力作用下复位，上、下衔铁又恢复为断开状态，晶体管 VT 重新导通，如此周而复始地动作，绝缘膜片不断振动，发出响声。

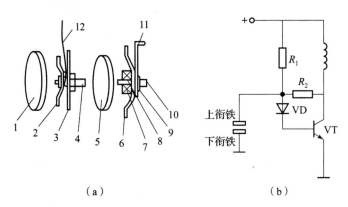

R_1——100 Ω；R_2——470 Ω；VD——2CA；VT——D478B

图 2 - 3 - 10　电子电喇叭的结构和电路原理图

1—罩盖；2—共鸣板；3—绝缘膜片；4—上衔铁；5—O 形绝缘垫圈；6—喇叭体；
7—线圈；8—下衔铁；9—锁紧螺母；10—调节螺钉；11—托架；12—导线

3. 电喇叭的调整

不同形式的电喇叭的构造不完全相同，因此调整方法也不同。螺旋形、盆形电喇叭的调整一般采用铁芯气隙调整和触点预压力调整两项。前者调整电喇叭的音调，后者调整电喇叭的音量。

1）电喇叭音调的调整

电喇叭音调的高低与铁芯气隙有关。铁芯气隙小时，膜片的振动频率高（即音调高）；铁芯气隙大时，膜片的振动频率低（即音调低）。铁芯气隙一般为 0.7 ~ 1.5 mm，由电喇叭的高低音及规格型号决定。

筒形、螺旋形电喇叭铁芯气隙的调整部位和调整方法如图 2 - 3 - 11 所示。对图 2 - 3 - 11 （a）所示的电喇叭，应先松开锁紧螺母，然后转动衔铁，即可改变衔铁与铁芯气隙；对图 2 - 3 - 11 （b）所示的电喇叭，松开上下调节螺母，即可使铁芯上升或下降，改变铁芯气隙；对图 2 - 3 - 11 （c）所示的电喇叭，可先松开锁紧螺母，转动衔铁加以调整，然后松开调节螺母，使弹簧片与衔铁平行后紧固。调整时，应使衔铁与铁芯间的气隙均匀，否则会产生杂音。

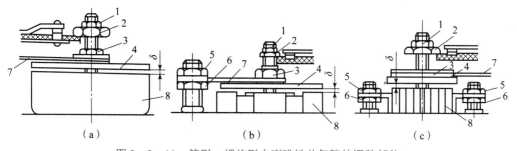

图 2-3-11　筒形、螺旋形电喇叭铁芯气隙的调整部位

1，3—锁紧螺母；2，5，6—调节螺母；4—衔铁；7—弹簧片；8—铁芯；9—铁芯气隙

盆形电喇叭铁芯气隙的调整如图 2-3-12 所示，调整时应先松开螺母，然后旋转音调调整铁芯进行调整。

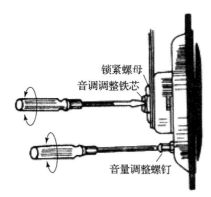

图 2-3-12　盆形电喇叭的调整

2）电喇叭音量的调整

电喇叭声音的大小与通过电喇叭线圈的电流大小有关。当触点压力增大时，通过电喇叭线圈的电流增大，使电喇叭产生的音量增大，反之音量减小。

触点压力是否正常，可通过检查电喇叭的工作电流与额定电流是否相符来判断。如果工作电流等于额定电流，则说明触点压力正常；如果工作电流大于或小于额定电流，则说明触点压力过大或过小，应予以调整。对于图 2-3-11 所示的筒形、螺旋形电喇叭，应先松开锁紧螺母，然后转动调节螺母（逆时针方向转动时，触点压力增大，音量增大）进行调整。对于图 2-3-12 所示的盆形电喇叭，可旋转音量调节铁芯（逆时针方向转动时，音量增大）。调整时不可过急，一般每次转动调节音量铁芯不多于 1/10 圈。

电喇叭音量和音质的调整并不是完全独立的，它们实际上是相互关联的。因此，两者需反复调试才会获得最佳效果。

此外，电喇叭触点应保持清洁，其接触面积不应小于 80%，如果有严重烧蚀应及时进行检修。电喇叭的固定方法对其发音影响极大。为了使电喇叭的声音正常，电喇叭不能作刚性的装接，而应固定在缓冲支架上，即在电喇叭与固定支架之间装有片状弹簧或橡皮垫。

4．喇叭继电器

为了得到更加悦耳的声音，在工程机械上一般会装两个不同音调（高、低）的喇叭。其中高音喇叭膜片厚，扬声筒短，低音喇叭则相反。有时甚至用 3 个不同音调（高、中、低）的喇叭。

装用单只喇叭时，喇叭电流是直接由按钮控制的，按钮大多装在转向盘的中心。当工程机械装用双喇叭时，因为消耗电流较大（一般为 15~20 A），用按钮直接控制时，按钮容易烧坏。为了防止烧坏按钮，在电路中往往需要加上喇叭继电器，其结构和接线方法如图 2 – 3 – 13 所示。当按下按钮 3 时蓄电池电流便流经线圈 2（因为线圈电阻很大，所以通过线圈 2 及按钮 3 的电流不大），产生电磁吸力，吸下触点臂 1，因此触点 5 闭合，接通了喇叭电路。喇叭的大电流不再经过按钮 3，从而保护了喇叭按钮。当松开按钮 3 时，线圈 2 的电流被切断，磁力消失，触点在弹簧力的作用下打开，即可切断喇叭电路，使喇叭停止发声。

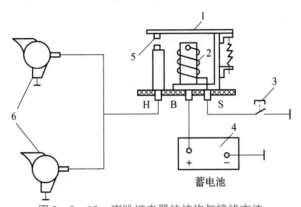

图 2 – 3 – 13　喇叭继电器的结构与接线方法

1—触点臂；2—线圈；3—按钮；4—蓄电池；5—触点；6—喇叭

5．喇叭继电器的检修

1）喇叭继电器的就车检测（在喇叭完好的状态下进行）

（1）将点火开关置于"ON"位置，按下喇叭按钮，此时喇叭应发出清脆的声响；否则，表示喇叭继电器出现故障。

（2）用万用表电压挡检测喇叭继电器"电池"接线柱与"搭铁"接线柱之间的电压，该电压为电源电压；若无电压指示或电压过低，则表示喇叭继电器电源电路断路或连接故障。

（3）如果上一步检测电压为蓄电池电压，在按下喇叭按钮的同时，检测喇叭继电器"喇叭"接线柱与"搭铁"接线柱之间的电压，该电压也应为电源电压；如果无电压或电压过低，则表示喇叭继电器触点未接触或接触不良。

2）喇叭继电器组件的检测

（1）喇叭继电器线圈的检测。

用万用表的 R×1 挡检测喇叭继电器"电池"接线柱与"搭铁"接线柱之间的电阻，在正常情况下，应有一定阻值。

（2）喇叭继电器触点的检测。

用万用表的 R×10 k 挡检测喇叭继电器"电池"接线柱与"搭铁"接线柱之间的电阻，在正常情况下，阻值应为无穷大，否则表示触点粘连。

6．电喇叭的型号

电喇叭的型号表示如下。

1	2	3	4	5

1 为产品代号。电喇叭的产品代号 DL、DLD 分别表示有触点的电磁式电喇叭及无触点的电子电喇叭。

2 为电压等级代号。1 表示 12 V，2 表示 24 V，6 表示 6 V。

3 为结构代号。电喇叭的结构代号见表 2-3-2。

4 为设计序号。按产品的先后顺序，用阿拉伯数字表示。

5 为变型代号（音色标记）。G 表示高音，D 表示低音。

表 2-3-2 电喇叭的结构代号

代号	1	2	3	4	5	6	7	8	9
结构	筒形单音	盆形单音	螺旋形单音	筒形双音	盆形双音	螺旋形双音	筒形三音	盆形三音	螺旋形三音

7. 喇叭继电器的型号

喇叭继电器的型号表示如下。

1	2	3	4	5

1 为产品代号，JD 表示继电器。

2 为电压等级代号。1 表示 12 V，2 表示 24 V，6 表示 6 V。

3 为使用代号，1 表示喇叭。

4 为设计序号。

5 为变型代号。

8. 电喇叭电路检修

1) 接通电源开关，按下喇叭按钮，喇叭不响

（1）故障原因。

①导线断路。

②喇叭继电器触点烧蚀、接触不良，或继电器线圈断路。

③喇叭按钮烧蚀。

④喇叭触点烧蚀。

⑤喇叭熔丝烧断。

（2）故障诊断方法。

①检查电喇叭熔丝。若熔丝烧断，应找出原因并予以排除，然后换上同型号的熔丝。

②用万用表检查喇叭继电器的 B 接线柱是否有电。若没有电，则说明电路有故障，沿电路查找断路处。

③若继电器的 B 接线柱有电，则用导线将继电器的 B 端与 H 端接通。若电喇叭仍不响，说明电喇叭有故障；若电喇叭响，说明故障在继电器或喇叭按钮处。

④当喇叭继电器有故障时，可先检查喇叭继电器的触点是否烧蚀。若已烧蚀，可用砂纸打磨并清理干净，再用万用表检查继电器线圈的电阻。若电阻为无穷大，则表示线圈断路，应更换新件；若电阻正常，则表示喇叭按钮烧蚀，可用细砂纸打磨并清理干净。

⑤检查喇叭继电器的触点是否烧蚀。若触点烧蚀，可用细砂纸打磨并清理干净。再检查线圈是否断路，若断路则应换上新件。

2) 接通电源开关，按下喇叭按钮，喇叭变调

（1）故障原因。

①膜片破裂。

②膜片及共鸣板固定螺母松动。

③电喇叭安装松动。

（2）故障诊断方法。

①首先检查电喇叭安装是否可靠。如果固定不紧，应重新紧固。注意电喇叭的安装必须用弹性支撑。

②检查膜片是否破裂。若膜片已破裂，则应更换新件。

3）接通电源开关，按下喇叭按钮，喇叭声响时断时续

（1）故障原因。

①导线连接处松动。

②喇叭继电器的触点接触不良。

③喇叭按钮接触不良。

（2）故障诊断方法。

①首先沿喇叭电路检查导线连接处有无松动。若有松动，应重新接好。

②检查喇叭继电器的触点是否烧蚀或接触不良。若有，则用细砂纸打磨并清理干净。

③检查喇叭按钮是否活动自如，再检查喇叭继电器的触点是否有脏污、烧蚀的现象。若有，则应清理干净。

4）接通电源开关，按下喇叭按钮，喇叭响，但松开喇叭按钮后，喇叭响声不停

（1）故障原因。

①喇叭按钮卡死。

②喇叭继电器的触点烧结。

（2）故障诊断方法。

①检查喇叭按钮是否卡死。若卡死，应拆开修理。

②检查喇叭继电器的触点是否烧结。若烧结，应更换喇叭继电器。

2.3.4　检修其他声响信号装置（倒车语音报警器）

随着集成电路技术的发展，现在人们已经能将语音信号压缩存储于集成电路中，制成倒车语音报警器。在工程机械倒车时，其能重复发出"请注意，倒车！"等声音，以此提醒车后相关施工人员或行人避开机械而确保安全倒车。倒车语音报警器的典型电路如图 2－3－14 所示。IC_1是存储有语音信号的集成电路块，IC_2是功率放大集成电路块，稳压管 VD 用于稳定 IC_1 的工作电压。为了防止电源电压接反，在电源的输入端使用了由 4 个二极管组成的桥式整流电路，这样无论它怎样接入 12 V 电源，均可保证电路正常工作。

当工程机械挂入倒挡时，倒车开关接通倒挡报警电路，电源便由桥式整流电路输入倒车语音报警器，IC_1的输出端输出一定幅度的语音电压信号。此语音电压信号经 C_2、C_3、R_3、R_5 组成的阻容电路消除杂音，改善音质，并耦合到 IC_2 的输入端，经 IC_2 功率放电后，通过喇叭输出，即可发出清晰的"请注意，倒车！"等声音。

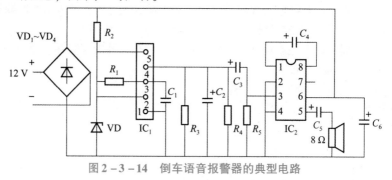

图 2－3－14　倒车语音报警器的典型电路

1. 基础知识

（1）信号系统的作用是通过_____、_____向其他工程机械的驾驶员、施工人员或行人发出警告，以引起注意，确保工程机械行驶和作业安全。

（2）转向信号灯的闪烁由_____控制。最佳闪光频率应为_____。现在的工程机械常采用_____闪光继电器。

（3）转向信号灯及危险报警灯电路由_____、_____、_____、_____及指示灯等部件组成。危险报警灯操纵装置不得受_____的控制。

（4）电喇叭音调的高低与铁芯气隙有关。铁芯气隙_____时，膜片的振动频率高（即音调高）；铁芯气隙_____时，膜片的振动频率低（即音调低）。电喇叭音量的大小与通过电喇叭线圈的电流大小有关。当触点压力增大时，通过电喇叭线圈的电流增大，使电喇叭产生的音量_____，反之音量_____

（5）安装喇叭继电器的目的是保护_____。

2. 电路分析

根据图 2-3-15 所示电路，分析其工作原理。

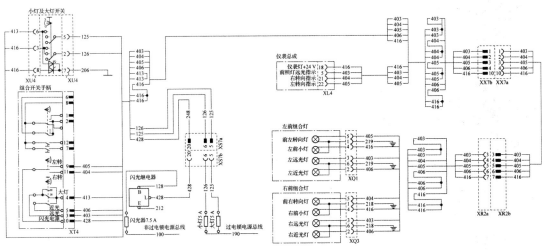

图 2-3-15　某装载机转向信号灯电路

3. 转向信号灯电路故障检修

进行转向信号灯不亮的故障诊断。

（1）制定检测流程。

（2）检测故障。

（3）故障结果分析。

电路检修要点如下（参考）。

①检查各导线连接有无松动、断路，搭铁等是否正常。

检查结果：_____。

②检查转向信号灯的熔丝是否完好。

检查结果：_____。

③检查闪光继电器是否正常。

检查结果：_____。

④检查转向开关是否正常。

检查结果：_____。

⑤检查转向信号灯灯泡是否完好。

检查结果：_____。

4. 电喇叭故障检修

某挖掘机的电喇叭突然不响，其电路如图 2 - 3 - 16 所示，请进行故障诊断并排除。

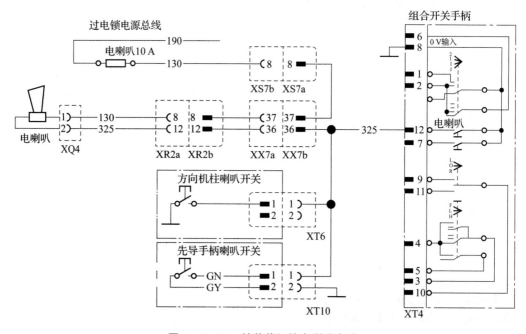

图 2 - 3 - 16 某装载机的电喇叭电路

（1）制定检测流程。

（2）故障结果分析。

电路检修要点如下（参考）。

①检查各导线连接有无松动、断路，搭铁等是否正常。

检查结果：_____。

②检查电喇叭的熔丝是否完好。

检查结果：_____。

③检查喇叭继电器是否正常（如果有喇叭继电器就检查，如果没有，则不需要检查）。

检查结果：_____。

④检查电喇叭开关是否正常。

检查结果：_____。

⑤检查电喇叭声音是否正常。

检查结果：_____。

项目3　检修起动系统

学习目标

（1）能对起动机进行分类并说出其型号；
（2）掌握起动机的工作原理、组成结构及功能；
（3）能识读和分析起动系统控制电路图；
（4）能拆装、检测起动机；
（5）能维修工程机械起动系统故障；
（6）具有系统思维能力。

任务名称

某挖掘机无法起动，请检测它的故障点并使其恢复正常。

● 任务工单

任务名称	挖掘机起动系统故障检测与排除	序号		日期	
级别		耗时		班级	
任务要求	在规定的时间内排除挖掘机起动系统台架上已经设置好的故障				

（1）挖掘机起动系统电路图如下。

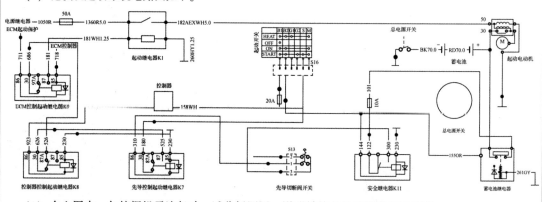

（2）在上图中，如挖掘机无法起动，试分析原因，说明排故方法并写出排故步骤。

①故障原因：

②排故流程：

编号	项目	内容	配分	评分标准	扣分	得分
前期检查（5分）						
1	各项检查	检查电瓶电压、起动电路连接情况	5	未做扣5分，每漏1项扣1分，直到扣完此项配分为止		
挖掘机起动系统故障检测与排除（85分）						
1	故障现象描述	正确描述存在的故障	10	1. 未做扣10分 2. 未填写扣5分		
2	故障可能原因	正确列出故障可能原因	15	1. 作业表填写不全适当扣分 2. 未填写作业表扣5分		
3	电路测量	查阅资料，测量相关电路情况，正确分析测量结果	30	1. 未做扣30分 2. 未填写作业表扣10分 3. 测量不正确每项扣5分 4. 测量不完整视情况扣3~5分		
4	故障部位确认和排除	正确记录故障点，正确排除故障	10	1. 未排除故障扣10分 2. 未填写作业表扣5分		
5	故障电路及故障机理分析	正确画出故障部位的电路图，正确写出故障机理	15	1. 未做扣15分 2. 未填写作业表扣5分/项		
6	维修后结果确认	再次验证维修结果	5	1. 未验证扣5分 2. 未填写作业表扣2分		
清洁及复位（10分）						
1	维修工位恢复	操作完毕，清洁和整理工具，整理、清洁场地	5	未做扣5分，不到位视情况扣1~4分		
2	文明安全作业	1. 工装整洁； 2. 操作完毕，清洁和整理工具及场地。	5	未做扣5分，不到位视情况扣1~4分		
	合计		100			
若检测过程出现严重安全及人身事故，则取消重做，只有一次重做机会						

任务3.1 检修起动开关及熔断器

学习目标

（1）能向客户描述挖掘机起动开关及熔断器；
（2）能进行起动开关和熔断器的调试及检测。

工作任务

在南极科考站，某挖掘机无法起动，经检测，起动机完好无损，电路正常，请检修。

相关知识

1. 起动开关

起动开关也称为点火开关，它有4个挡位，分别控制手动预热、关机、整机上电和起动发动机。起动开关用来控制起动电路和常用电气设备的电源电路，另外还控制发电机磁场电路、预热以及一些辅助电气设备等，一般具有自动复位起动挡位的多挡开关并配有钥匙以备停车时锁车。起动开关的外形及安装位置如图3-1-1所示。

挖掘机电锁
的检测

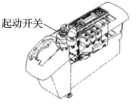

起动开关

顶部　　　　　　　　底部　　　　　　　　左扶手箱
图3-1-1　起动开关的外形及安装位置

起动开关的导通图如图3-1-2所示。其中，B1端为电源端，B2端为上电端，G1端为预热端，S端为起动控制端、M端为上电信号端，G2端未用。当把它打到OFF挡时，B1端接通；打到ON挡时，B1、B2、M端互相接通；打到START挡时B1、B2、G2、S、M端互相接通；打到HEAT挡时B1、B2、G1、M端互相接通。

	B1	B2	G1	G2	S	M
HEAT	◯	◯	◯			◯
OFF	◯					
ON	◯	◯				◯
START	◯	◯			◯	◯

图3-1-2　起动开关的导通图

2. 熔断器

熔断器也称为保险丝。它是为了防止电路的过载和短路时烧坏电气设备和导线，在电源与用电设备之间所串联的保险装置。熔断器的电流一般为1.5~2倍回路的额定电流（对直流而言）。

熔断器的作用：回路中通过熔断器的电流超过额定值时，保险片熔断。

熔断器分为片式熔断器和平板式熔断器，如图 3 - 1 - 3 所示。

（a）　　　　　　　　　　（b）

图 3 - 1 - 3　熔断器的外形

（a）片式熔断器；（b）平板式熔断器

熔断器的额定规格如下：

片式熔断器：5 A、10 A、15 A、20 A、30 A；

平板式熔断器（慢熔保险丝）：60 A、80 A、100 A。

常见熔断器参数见表 3 - 1 - 1。

表 3 - 1 - 1　常见熔断器参数

片式熔断器		平板式熔断器	
电流大小	熔断时间	电流大小	熔断时间
额定电流的 350%	0.08 ~ 0.50 s	额定电流的 500%	1.0 s 以上
额定电流的 200%	0.25 ~ 5.00 s	额定电流的 300%	0.5 ~ 15 s
额定电流的 135%	0.75 ~ 180.00 s	额定电流的 200%	5.0 ~ 100 s
额定电流的 110%	100 h 以上	额定电流的 110%	4 h 以上

任务实施

（1）检测起动开关的各触点通断状态，并画出它的导通图。

任务准备：万用表、起动开关。

起动开关调试及检测的操作步骤如下。

①将起动开关由 OFF 挡打向 HEAT 挡并保持，用万用表测量 B1、B2、G1、M 端是否互相接通。

②将起动开关由 ON 挡打向 START 挡，重复操作 1 次，检测防二次起动功能是否有效，即 1 次操作行程中，只允许打向 START 挡 1 次。1 次操作行程为：OFF 挡→ON 挡→START 挡→ON 挡。

③将起动开关打向 START 挡并保持，用万用表测量 B1、B2、G2、S、M 端是否互相接通，然后将万用表表笔保持在 B1、B2 端，松手，起动开关自动返回 ON 挡，在返回过程中要注意观察万用表指示是否有变化（系统要求起动开关从 START 挡返回 ON 挡的过程中，B1、B2 端需保持连通）。

④将起动开关打至 ON 挡，用万用表测量 B1、B2、M 端是否互相接通。

将检测结果填入表 3 - 1 - 2。

表 3 - 1 - 2　起动开关检测表

挡位	端子					
	B1	B2	G1	G2	S	M
HEAT						
OFF						
ON						
START						

（2）找到柳工 922E 挖掘机熔断器盒。它位于挖掘机左侧，驾驶室门后侧（采用内置片式熔断器，以便于检测和维修），如图 3 - 1 - 4 所示。填写下面对应的是哪个零部件的保险。

K5 _____　　　K6 _____

K7 _____　　　K8 _____

K9 _____　　　K10 _____

K12 _____

图 3 - 1 - 4　柳工 922E 挖掘机熔断器盒

（3）目测各熔丝的好坏。

（4）用万用表检测各熔丝的好坏。

【注意】

熔丝熔断时，观察熔断状况后，可作出如下判断。

（1）熔丝毫不痕迹地飞散时，说明短路、接地短路引起电流异常导致熔断的可能性大。

（2）熔丝仅一部分稍有熔断时，疲劳寿命导致熔断的可能性大。

因此，对于熔丝熔断，不确认原因就换上更大容量熔丝是危险的。用铜丝代替熔丝非常危险，是绝对禁止的。

任务 3.2　检修起动机

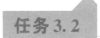
学习目标

（1）能对照实物说出起动机各部件的构造；

（2）能正确识读起动机的型号、起动机的铭牌；

（3）能对起动机进行拆卸和安装；

（4）能说出起动机的工作原理，对工程机械起动机相应故障现象进行诊断并维修；

（5）具有系统思维能力。

工作任务

在南极科考站，某挖掘机无法起动，经检测，起动机出现故障，由于区域的特殊性，配件紧缺，这时候必须维修起动机，而无法进行整体更换。

相关知识

1. 发动机的起动方式

（1）人力起动。多用于农用机械。

（2）辅助汽油机起动。用一个专门的相对比较小的汽油发动机作为起动用，常用于大型的柴油发动机。

（3）电力起动。具有操纵轻便、起动迅速、安全、可靠，可重复起动等优点，因此为现代工程机械广泛采用。

2. 起动机的作用

起动机的定义：汽油或柴油发动机不可自己起动，需要从外部提供旋转力，提供这种旋转力的电动机称为起动机。

如图 3 - 2 - 1 所示，起动机用 3 个部件来实现整个起动过程。直流电动机引入来自蓄电池的电流并且使起动机的驱动齿轮产生机械运动；传动机构将驱动齿轮啮合入飞轮齿圈，同时能够在发动机起动后自动脱开；起动机电路的通断则由一个电磁开关控制。

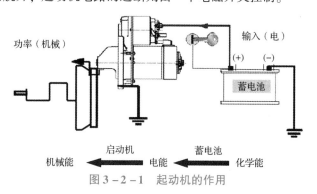

图 3 - 2 - 1　起动机的作用

其中，电动机是起动机内部的主要部件，它的工作过程就是初中物理中所介绍的以安培定律为基础的能量的转化过程，即通电导体在磁场中受力的作用。电动机包括必要的电枢、换向器、磁极、电刷、轴承和外壳等部件。

3. 起动机的构造

起动机一般由 3 个部分组成，其结构如图 3 - 2 - 2 所示。

（1）直流电动机。其作用是产生电磁转矩，将蓄电池的直流电能转换成机械能。

起动机拆卸

（2）传动机构（或称啮合机构）。其作用是发动机起动时，使起动机的驱动齿轮和发动机飞轮齿圈啮合，将电动机的电磁转矩传给飞轮；发动机起动后，自动切断动力传递，防止电动机被发动机带动，超速旋转而遭破坏。

（3）控制机构（即电磁开关）。其作用是控制驱动齿轮和飞轮的啮合与分离，控制电动机电路的接通与关断。

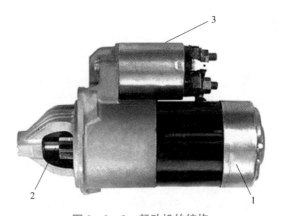

图 3 - 2 - 2　起动机的结构

1—直流电动机；2—传动机构；3—电磁开关

4. 起动机的分类

1）按控制装置分

（1）机械控制式起动机。它是由驾驶员通过脚踏（或手动）直接操纵机械式起动开关接通和切断起动电路，通常称为直接操纵式起动机。

（2）电磁控制式起动机（又称为电磁操纵式起动机）。它由驾驶员旋动点火开关或按下起动按钮，通过电磁开关接通和切断起动电路。

2）按传动机构分

（1）惯性啮合式起动机。这种起动机的离合器是靠惯性力的作用产生轴向移动，使驱动齿轮啮入和退出飞轮齿圈。由于可靠性差，现代工程机械已不再使用这种起动机。

（2）强制啮合式起动机。它靠人力或电磁力经拨叉推移离合器，强制性地使驱动齿轮啮入和退出飞轮齿圈。其因具有结构简单、动作可靠、操纵方便等优点而被现代工程机械普遍采用。

（3）电磁啮合式起动机。它靠电动机内部辅助磁极的电磁力吸引转子作轴向移动，将驱动齿轮啮入飞轮齿圈，起动结束后再由回位弹簧使电枢回位，让驱动齿轮退出飞轮齿圈，因此又称为转子移动式起动机。其多用于大功率的柴油工程机械上。

除上述分类形式外，还有永磁起动机、减速起动机等。

5. 直流电动机

1）直流电动机的工作原理

直流电动机是将电能转变为机械能的装置。它是根据载流导体在磁场中受到电磁力作用而发生运动的原理工作的。图 3 - 2 - 3 所示为一台最简单的两极直流电动机结构模型。

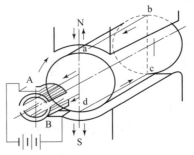

图 3 - 2 - 3　两极直流电动机结构模型

它的固定部分（定子）装设了一对静止的主磁极 N 和 S，在旋转部分（转子）装设转子铁芯。定子和转子之间有一空气隙。在电枢铁芯上放置了abcd转子线圈，转子线圈的首端和末端分别连到两个圆弧形的铜片上，此铜片称为换向片。换向片之间互相绝缘，由换向片构成的整体称为换向器。换向器固定在转轴上，换向片与转轴互相绝缘。在换向片上放置着一对固定不动的电刷A和B，在A、B两端接直流电，转子线圈通过换向片和电刷与外电路接通。当转子线圈abcd内流过电流时，处在磁场中的导体ab和cd受到电磁力的作用，产生电磁力矩使转子旋转。导体受力方向由左手定则确定。在图3-2-3所示的情况下，位于N极下的导体ab的受力方向为从左向右，而位于S极下的导体cd的受力方向为从右向左。该电磁力与转子半径之积即电磁转矩，该转矩的方向为顺时针。当电磁转矩大于阻力转矩时，线圈按顺时针方向旋转。当转子旋转180°后，原位于S极下的导体cd转到N极下，其受力方向变为从左向右；而原位于N极下的导体ab转到S极下，导体ab的受力方向变为从右向左，该转矩的方向仍为逆时针，线圈在此转矩下继续按顺时针方向旋转。这样虽然导体中流通的电流为交变的，但N极下的导体的受力方向和S极下导体的受力方向并未发生变化，电动机在此方向不变的转矩的作用下转动。

2）直流电动机主要部件的基本结构及作用

（1）定子。

定子主要由铁芯、励磁线圈、机壳组成，如图3-2-4所示。

图3-2-4　定子的基本结构

1—机壳；2—励磁线圈；3—铁芯

定子的作用是产生转子转动时所需要的磁场。

定子的磁极连接方式主要有两种——4个绕组相互串联、2个绕组串联后再并联，如图3-2-5所示。

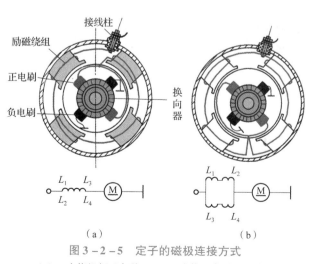

图3-2-5　定子的磁极连接方式

（a）4个绕组相互串联；（b）2个绕组串联后再并联

（2）转子。

直流电动机的转动部分称为转子，又称为电枢。转子包括转子轴、转子绕组、转子铁芯、换向器等，如图 3 - 2 - 6 所示。转子是电动机磁路的一部分，其外圆周开槽，用来嵌放转子绕组。转子铁芯一般用 0.5 mm 厚、两边涂有绝缘漆的硅钢片冲压而成。转子铁芯固定在转轴或转子支架上。转子绕组用绝缘的导线绕成并嵌放在电枢铁芯的槽内。转子绕组是直流电动机的主要组成部分，其作用是感应电动势、通过转子电流，它是电动机实现机电能量转换的关键。转子轴驱动端制有螺旋形花键，用以套装传动机构中的单向离合器。

图 3 - 2 - 6　转子的结构
1—转子轴；2—转子铁芯；3—转子绕组；4—换向器

（3）电刷装置。

它主要由电刷、电刷架和电刷弹簧组成，如图 3 - 2 - 7 所示。电刷装置的作用是将电流引入转子，使之产生定向转矩。

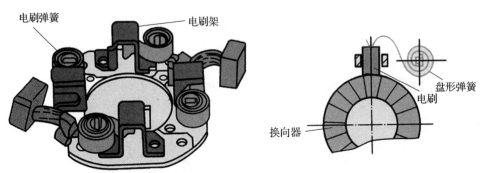

图 3 - 2 - 7　电刷装置的结构

（4）换向器。

换向器由铜片（即换向片）组成。换向器由许多具有鸽尾形的换向片排成一个圆筒，其间用云母片绝缘，两端再用两个 V 形套筒夹紧而构成。每个转子线圈首端和尾端的引线分别焊入相应换向片的升高片内，如图 3 - 2 - 8 所示。转子绕组各元件的始端和末端与换向片按一定规律连接。换向器与转子轴固定在一起，其作用是把蓄电池的直流电流变为转子绕组中不断变化的交流电流。在直流电动机中，换向器起逆变作用，因此换向器是直流电动机的关键部件之一。小型电动机常用塑料换向器，这种换向器用换向片排成圆筒，再用塑料通过热压制成。

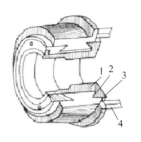

图 3 - 2 - 8　换向器的外形及内部结构

1—V 形套筒；2—云母环；3—换向片；4—升高片

6. 传动机构

传动机构是指使起动机的驱动齿轮和发动机飞轮齿环啮合传动及分离的机构。如图 3 - 2 - 9 所示，传动机构主要由拨叉、单向离合器以及后端盖组成。其作用是把直流电动机产生的转矩传递给飞轮齿圈，再通过飞轮齿圈把转矩传递给发动机的曲轴，使发动机起动；发动机起动后，飞轮齿圈与驱动齿轮自动打滑脱离，以防止电动机被发动机带动超速旋转而被破坏。起动机驱动齿轮与曲轴飞轮齿圈之间的传动比很大，故在传动机构中设置了单向离合器。

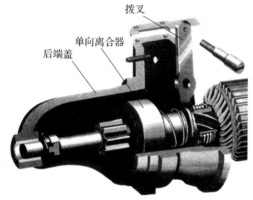

图 3 - 2 - 9　传动机构的结构

1）单向离合器。

不同类型的传动机构有不同的单向离合器，常用的类型有滚柱式单向离合器、摩擦片式单向离合器、弹簧式单向离合器。

（1）滚柱式单向离合器。

滚柱式单向离合器是利用滚柱在两个零件之间的楔形槽内的楔紧和放松作用，通过滚柱实现扭矩传递和打滑。

滚柱式单向离合器的结构如图 3 - 2 - 10 所示。驱动齿轮 1 与外壳 2 连成一体，外壳 2 内装有十字块 3，十字块 3 与花键套筒 8 固定连接，在外壳 2 与十字块 3 之间形成的 4 个楔形槽内分别装有一套滚柱 4、压帽与弹簧 5，外壳的护盖 7 将滚柱 4 和十字块 3 等扣合在外壳内，使十字块 3 和外壳 2 之间只能相对转动而不能相对轴向移动。在花键套筒 8 的外面套有移动衬套 11 及缓冲弹簧 10。为了防止移动衬套 11 脱出，在花键套筒 8 的端部装有卡簧 12。整个单向离合器利用花键套筒 8 安装在转子轴上，单向离合器在传动拨叉（插在移动衬套 11 的环槽内）的作用下可以在转子轴上作轴向移动，并随其移动。

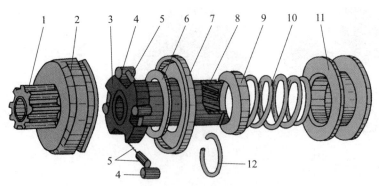

图 3 – 2 – 10 滚柱式单向离合器的结构

1—驱动齿轮；2—外壳；3—十字块；4—滚柱；5—压帽与弹簧；6—垫圈；
7—护盖；8—花键套筒；9—弹簧座；10—缓冲弹簧；11—移动衬套；12—卡簧

图 3 – 2 – 11 所示为滚柱式单向离合器的工作过程。发动机起动时，驱动齿轮 1 与飞轮齿圈 6 啮合，相对静止，转子轴经传动导管带动外座圈旋转，在驱动齿轮 1 尾部的摩擦力和弹簧张力的作用下，滚柱 4 位于楔形腔室较窄的一端，将外座圈和驱动齿轮尾部卡紧成一体，于是驱动齿轮随转子轴一起转动并带动飞轮旋转，使发动机起动。发动机起动后，飞轮齿轮带动驱动齿轮高速旋转且比转子轴转速高得多，驱动齿轮尾部的摩擦力带动滚柱 4 克服弹簧张力，使滚柱 4 滚向楔形腔室较宽的一端，于是滚柱 4 将在驱动齿轮尾部与外座圈间发生滑摩，发动机动力不能传给转子轴，起到分离作用；转子轴只按自己的转速空转，避免转子超速飞车。

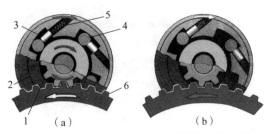

图 3 – 2 – 11 滚柱式单向离合器的工作过程

(a) 起动时；(b) 起动后

1—驱动齿轮；2—外壳；3—十字块；4—滚柱；5—压帽与弹簧；6—飞轮齿圈

滚柱式单向离合器结构简单紧凑，在中小功率的起动机上被广泛应用。但在传递较大扭矩时，滚柱容易因变形而卡死失效，因此，滚柱式单向离合器不适用于功率较大的起动机。

(2) 摩擦片式单向离合器。

摩擦片式单向离合器是利用与两个零件关联的主动摩擦片和被动摩擦片之间的接触和分离而实现扭矩传递和打滑的。摩擦片式单向离合器的结构如图 3 – 2 – 12 (a) 所示，外接合鼓固定在起动机转子轴上，两个弹性圈和压环依次沿起动机轴装进外接合鼓中，铜制的主动摩擦片以其外凸齿装入外接合鼓的轴向切槽中，钢制的从动摩擦片以其内凸齿插入内接合鼓的轴向切槽。内接合鼓具有螺旋线孔，并拧在起动机驱动齿轮柄的三线外螺纹上，齿轮柄则自由地套在起动机轴上，内垫有减振弹簧，并用螺母锁紧以免轴向脱出。内接合鼓上有两个小弹簧，轻压摩擦片，以保证它们彼此接触。

摩擦片式单向离合器的工作过程如下。起动机带动曲轴旋转时，内接合鼓沿螺旋线向右移动，将主、从动摩擦片压紧，如图 3 – 2 – 12 (b) 所示，利用摩擦力将转子的转矩传给飞轮；发动机起动后，起动机驱动齿轮被飞轮带着转动，当飞轮转速超过转子转速时，内接合鼓沿螺旋线向左退出，主、从动摩擦片松开［图3-2-12（c）］进而打滑，这时仅驱动齿轮随飞轮调整旋转，但不驱动起动机转子，从而避免了转子超速飞车。

摩擦片式单向离合器具有传递转矩大、可防止超载损坏起动的优点，常用于大功率起动机。但摩擦片磨损后，摩擦力会大大减小，因此需经常检查、调整或更换摩擦片。此外，该离合器零部件多、结构复杂、加工费时、不便于维修。

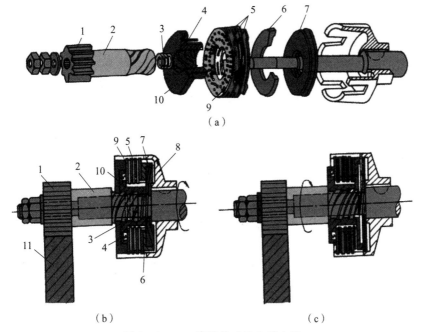

（a）

（b）　　　　　　　　　　　　（c）

图3-2-12　摩擦片式单向离合器

（a）结构；（b）压紧；（c）放松

1—驱动齿轮；2—齿轮柄；3—减振弹簧；4—小弹簧；5—主动摩擦片；6—压环；

7—弹性圈；8—外接合鼓；9—从动摩擦片；10—内接合鼓；11—飞轮

（3）弹簧式单向离合器。

弹簧式单向离合器是利用与两个零部件关联的扭力弹簧的精细变化来实现扭矩传递和打滑的。弹簧式单向离合器如图3-2-13所示，起动机驱动齿轮套在起动机转子轴的光滑部分上，花

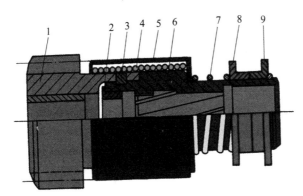

图3-2-13　弹簧式单向离合器

1—驱动齿轮；2—挡圈；3—月形圈；4—扭力弹簧；5—护套；6—花键套筒；

7—缓冲弹簧；8、9—移动衬套

键套筒6套在转子轴的螺纹花键上，两者由两个月形圈3连接。月形圈3的作用是使驱动齿轮1与连接套筒之间不能作轴向移动，但可相对转动。在驱动齿轮柄和花键套筒6上包有扭力弹簧4，扭力弹簧4的两端各有1/4圈内径较小，并分别箍紧驱动齿轮柄与连接套筒。于是，转子的扭矩通过扭力弹簧4、驱动齿轮1传到飞轮齿环，使发动机起动。发动机起动后，驱动齿轮1的转速高于起动机转子，则扭力弹簧4放松，这样飞轮齿环的扭力便不能传给转子，即驱动齿轮1只能在转子轴的光滑部分上空转，从而起到单向离合器的作用。

当发动机起动后，发动机飞轮变为主动部件，驱动齿轮1变为从动部件。发动机飞轮就会带驱动驱动齿轮1加速旋转，当驱动齿轮1的转速高于花键套筒6的转速时，扭力弹簧4就会放松进而打滑，使驱动齿轮1与花键套筒6之间的动力联系切断，防止转子超速运转而损坏。此时驱动齿轮1将发动机飞轮旋转，转子轴仅由转子绕组产生的电磁转矩驱动而空转。

弹簧式单向离合器有结构简单、成本低廉、工作可靠、使用寿命长等优点。但是，其扭力弹簧的轴向尺寸较大，因此，一般只应用于大功率起动机。

2）拨叉和驱动齿轮

图3-2-14所示是拨叉和驱动齿轮的结构。它们的作用是使单向离合器作轴向移动，将驱动齿轮啮入和脱离飞轮齿圈。

图3-2-14　拨叉和驱动齿轮的结构

7. 控制机构

控制装置在起动机上也称为电磁开关，它的作用是控制驱动齿轮与飞轮齿圈的啮合与分离，并控制电动机电路的接通与切断。

电磁开关主要由吸引（拉）线圈、保持线圈、回位弹簧、可动铁芯、接触片等组成，如图3-2-15所示。其中端子30直接与电源连接，端子C与磁极接线柱连接，端子50与起动开关连接。

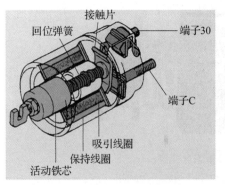

图3-2-15　电磁开关的结构和接线
1—端子30；2—端子50；3—C端子

8. 起动机的型号

根据中华人民共和国汽车行业标准 QC/T73 – 1993 汽车电气设备产品型号编制方法的规定，起动机的型号如下。

1	2	3	4	5

1 为产品代号。QD 表示起动机，QDJ 表示减速起动机，QDY 表示永磁型起动机（包括永磁减速型起动机）。

2 为电压等级。1 表示 12 V，2 表示 24 V。

3 为功率等级代号，含义见表 3 – 2 – 1。

4 为设计序号。按产品设计的先后顺序，用阿拉伯数字表示。

5 为变型代号。交流发电机以调整臂的位置作为变型代号。从驱动端看，Y 表示右边，Z 表示左边，无表示中间。

表 3 – 2 – 1　功率等级代号的含义

代号	1	2	3	4
功率	<1 kW	[1 kW, 2 kW)	[2 kW, 3 kW)	[3 kW, 4 kW)

任务实施

（1）基础知识。

①起动机由_____、_____、_____3 个部分组成。

②直流电动机磁场绕组和转子的连接形式一般采用_____式，但大功率起动机多采用_____式。

③起动机磁极的一端接于_____接柱上，另一端与_____电刷相接后再与_____串联。

④图 3 – 2 – 16 所示是起动机的部件，请标示出每个部件的名称，并说出各部件的作用。

图 3 – 2 – 16　起动机的部件

部件 1 是_____，它的作用是_____。

部件 2 是_____，它的作用是_____。

部件 3 是_____，它的作用是_____。

⑤图 3 – 2 – 17 所示是起动机中直流电动机的部件，请标示出每个部件的名称，并说出各部件的作用。

图 3 - 2 - 17　起动机中直流电动机的部件

部件1是_____，它由_____、_____、_____、_____构成。它的作用是_____。

部件2是_____，它由_____、_____、_____构成。它的作用是_____，它的连接方式一般有两种，即_____和_____。

部件3是_____，它的作用是_____。

部件4是_____，它的作用是_____。

⑥图3 - 2 - 18所示是起动机中传动机构的部件，请标示每个部件的名称，并说出各部件的作用。

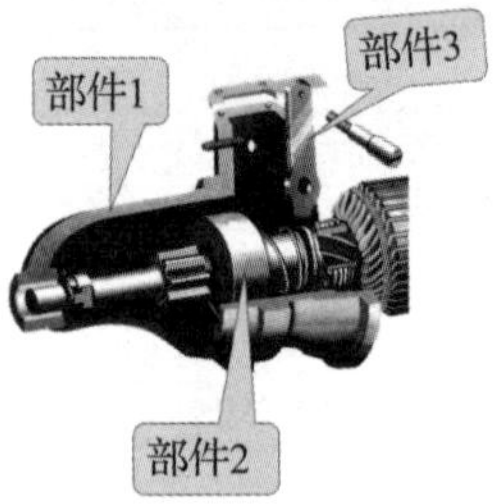

图3 - 2 - 18　起动机中传动机构的部件

部件1是_____。

部件2是_____。

部件3是_____，它的作用是_____。

（2）在实训室中找出起动机，并说出相应的型号。

起动机1：

型号：_____

起动机2：

型号：_____

（3）起动机的拆卸。

步骤如下。

①首先根据起动机本身的连接螺栓，准备好拆装工具。

②先拆下起动机与电磁开关接线柱的紧固螺母，将连接线拆掉，如图3 - 2 - 19所示。

图3 - 2 - 19　步骤②

③用扳手旋下电磁开关与起动机的紧固螺钉，取下电磁开关及活动铁芯，如图 3 – 2 – 20 所示。

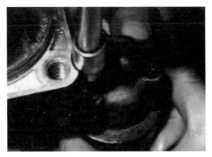

图 3 – 2 – 20　步骤③

④拆下起动机后端盖与电刷架的紧固螺钉及起动机外壳贯穿螺钉，如图 3 – 2 – 21 所示。

图 3 – 2 – 21　步骤④

⑤打开后端盖，取下电刷架（注意有些起动机正电刷不随电刷架一起取下），如图 3 – 2 – 22 所示。

图 3 – 2 – 22　步骤⑤

⑥取下前端盖，如图 3 – 2 – 23 所示。

图 3 – 2 – 23　步骤⑥

⑦将转子与定子分离。
⑧将所有零部件依次按顺序摆放。

（4）起动机的检测（表3-2-2）。

表3-2-2　起动机的检测

使用什么工具与仪器进行检测?			
检测参数	检测结果	结果分析	备注
电磁开关之间的电阻			
转子绕组的电阻			
定子磁极绕组的电阻			

（5）修复。

起动机的安装顺序与拆解顺序相反（先拆的后装）。

检查起动机修复质量：_____。

（6）评估。

评分表见表3-2-3。

表3-2-3　评分表

序号	评分项目	配分
1	预检及准备	3分
2	拆卸	27分
3	装配	40分
4	性能检测（口述）	3分
5	工具使用规范	4分
6	场地、设备、工具、操作台的清洁、整理	3分
7	安全、文明、礼貌	5分
8	拆、装操作超时1分钟扣1分，延时不得超过5分钟	5分
9	读识起动机装配图	10分
合计：100分（最高）		

挖掘机起动机拆装操作记录单

选手编号：_____　　　　　　　　　　工位号：_____

序号	作业项目	考核内容	配分	评分标准	考核记录	得分
1	预检及准备	检测起动机、工具及操作环境	5	漏检1项扣1分		
2	拆卸	操作规范，分解步骤正确，零件摆放整齐	27	拆卸顺序错误1次扣1分		
				零件放置混乱1处扣0.5分		
				工具、零件落地1次扣1分		

学习笔记

序号	作业项目	考核内容	配分	评分标准	考核记录	得分
3	装配	装配步骤正确，操作规范	40	装配顺序错误 1 次扣 1 分		
				漏检、错检 1 处扣 0.5 分		
				螺栓上公斤力①不规范 1 次扣 0.5 分		
				装配不能按时完成按超时 1 分钟扣 1 分计，5 分钟终止		
4	性能检测	检测方法、检测项目正确	3	检测方法不正确 1 次扣 1 分		
				检测项目不正确 1 次扣 1 分		
5	工具	工具使用规范	4	工具使用不规范 1 次扣 1 分		
				以危险姿势使用工具扣 2 分		
6	安全、文明、礼貌	按要求着装、精神饱满	5	不符合要求每处扣 1 分		
		尊重裁判员和现场工作人员		有顶撞现象 1 次扣 3 分		
		遵守安全操作规程		因违规操作发生重大人身和设备事故，取消比赛本资格，本项目比赛成绩按 0 分计		
7	工作条理性	拆装步骤规范	10	跨模块交错拆装扣 3 分		
				同一模块拆装内容未在同一时间段内连续完成扣 1 分		
		拆装记录规范		装配数据每涂改 3 项扣 1 分，最多扣 2 分		
8	工作收尾		6	□未擦拭、整理、归位工件，或未清洁工作台，扣 0.5 分 □未擦拭、整理、归位工具，或未整理工具箱，扣 0.5 分 □未擦拭、整理、归位量具，扣 0.5 分 □场地污染未清洁，或其他器材未整理、归位，扣 0.5 分 □工作完成后，未将作业表放到指定位置，扣 0.5 分		
	合计		100			

评分人：＿＿＿＿＿＿＿＿＿

核分人：＿＿＿＿＿＿＿＿＿

年　　月　　日

年　　月　　日

---

① 公斤力即千克力。1 千克力≈9.8 牛顿。

任务 3.3 **检修挖掘机起动系统**

学习目标

(1) 了解起动系统各零部件的工作原理；
(2) 掌握起动系统电路工作原理；
(3) 掌握起动系统排故流程；
(4) 能识读起动系统电路图；
(5) 能绘制起动系统排故流程图；
(6) 具有系统思维能力。

工作任务

2019 年夏天，在尼泊尔南部的比尔干吉，有一个客户的挖掘机在打开起动开关后无法起动。图 3-3-1 所示是该客户所记录的维修案例，现在对该挖掘机进行维修。

922E 挖掘机故障案例分析实例记录

机型	机号	工作时长/h	工作地点	特殊作业环境
922E 挖掘机	DL377666	1 812	尼泊尔南部比尔干吉	气候炎热（夏季温度为 40 ℃ 左右），该挖掘机用于当地公路建设

故障现象： 发动机无法起动

近期保养及维修记录： 做过二到位保养。更换高压油泵一次。油路没有问题。发动机没有问题

分析可能导致故障的原因

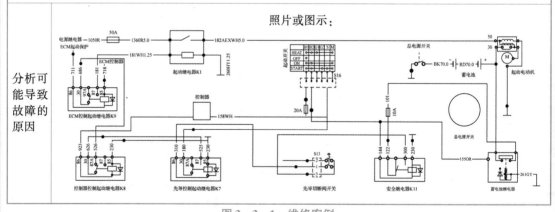

图 3-3-1 维修案例

相关知识

3.3.1 起动系统的相关零部件

1. 起动开关

起动开关有 4 个挡位，分别控制手动预热、关机、整机上电和起动发动机。起动开关用来控

制起动电路和常用电气设备的电源电路，另外控制发电机磁场电路、预热以及一些辅助电气设备等。起动开关一般都具有自动复位起动挡位等多挡位并配有钥匙以备停车时锁车，具体见项目 2 的任务 2.1。

2. 电源总开关

电源总开关的作用是防止挖掘机在停止工作时，蓄电池通过外电路自行漏电。在挖掘机的蓄电池火线或搭铁线上装有控制电源的总开关，用来控制整机电源的通和断。按它与电源正、负极连接的方式，一般分为负极控制型和正极控制型两种，一般厂家比较喜欢采用负极控制型，俗称为负极开关；按它的控制方式，可以分为旋钮式和电磁式两种，旋钮式靠手动接通或切断电源电路，电磁式则靠电磁吸力的作用实现自动控制。

图 3 - 3 - 2 所示为旋钮式电源总开关的外形和电路。当用钥匙让旋钮指到"ON"位置时，则将电源接通；让旋钮指到"OFF"位置时，则将电源切断。

电磁式电源总开关的接通或断开是通过钥匙开关操纵的。

（a）

（b）

图 3 - 3 - 2　旋钮式电源总开关的外形和电路

（a）外形；（b）电路

注意事项如下。

（1）在每次作业或行驶结束后都必须关闭总电源开关，否则会造成漏电的严重后果。

（2）严禁在机器运转的过程中关闭总电源开关。这种错误会对整机的电气系统造成非常严重的伤害。

（3）每次停机时应先关闭电锁，再关闭总电源开关。

（4）每次开机时应先打开总电源开关，再打开电锁。

（5）在连接蓄电池电缆或紧固蓄电池电缆桩头或拆卸蓄电池电缆时，必须关闭总电源开关。

（6）在对整机进行焊接作业时，必须关闭总电源开关。

3. 先导切断开关（微动开关）

挖掘机是由发动机带动工作大泵运转。液压泵分为先导泵与工作泵，然后由挖掘机驾驶员操作液压杆将液压油分配至先导阀与主控阀。如将液压油分配至主

先导切断

控阀，液压油通过主控阀输送到大臂、小臂、挖斗的油缸，然后带动大臂、小臂、铲斗工作挖掘。如将液压油分配至先导阀，液压油通过先导阀带动发动机使挖掘机旋转与行驶。为了保证挖掘机能够安全起动或停止工作，在挖掘机起动之前必须由先导切断开关关闭先导阀。在发动机起动后由先导切断开关打开先导阀，让挖掘机进入正常工作状态。

图 3 - 3 - 3 为先导切断开关的外形和接线。

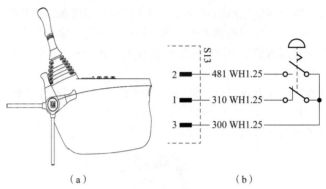

图 3 - 3 - 3　先导切断开关的外形及接线

（a）外形；（b）接线

4. 控制盒

控制盒主要用于对一些电气元件进行控制，集成有各类继电器和片式熔断器，以简化线路。控制盒一般位于驾驶室座椅后侧，如图 3 - 3 - 4 所示

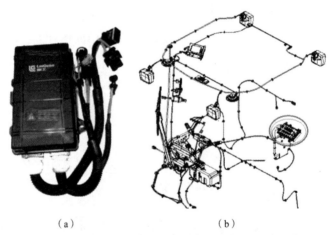

图 3 - 3 - 4　控制盒的外形和安装位置

（a）外形；（b）安装位置

5. 继电器

工程机械电气系统中采用了大量继电器、接触器，如电源接触器、起动继电器、闪光继电器、起动保护继电器、倒车报警继电器、熄火继电器、照明继电器等。无论是继电器还是接触器，其工作原理基本类似，都是通过小电流来控制大电流。每个继电器上都有 4 个接线柱，2 个小接线柱之间为线圈，允许小电流（即控制电流）通过；2 个大接线柱为主触点，允许大电流通过。根据电路的控制要求，继电器可以通过增加常开或常闭主触点的数量来实现控制功能。所谓常开或常闭，是指继电器在自然状态下（即线圈不通电也不受力）主触点所处的状态。如果继

电器在自然状态下主触点是打开的，则该主触点即常开主触点；如果继电器在自然状态下主触点是闭合的，则该主触点即常闭主触点。

1）电源继电器

一般一台工程机械使用 1 个电源继电器用于电源控制，只有一组常开触点，没有常闭触点，如图 3 - 3 - 5 所示。电源继电器的参数与内部原理图均标注于电源继电器外壳上。柳工生产的挖掘机和装载机的电源继电器触点电路的额定电流对于常开触点为 80 A。当给电源继电器线圈外加 + 24 V 电压后，线圈通电后产生的电磁吸力将电源继电器内部的衔铁吸下，使常开触点闭合。在工程机械中，插座式继电器全部集中在电气集中控制盒上，所以电源继电器安装于电器集中控制盒上。

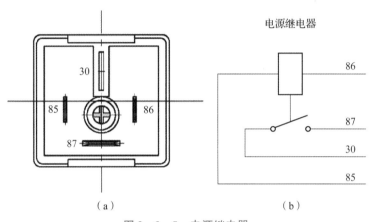

图 3 - 3 - 5　电源继电器

（a）背面接线端子；（b）内部接线

电源继电器故障检测步骤如下。

（1）将电源继电器从插座上拔下。

（2）将数字式万用表调至 Ω 挡的 2 kΩ 量程。

（3）将数字式万用表的红表笔搭至电源继电器的 86 端，将黑表笔搭至电源继电器的 85 端，数字式万用表的显示值应为"300"左右，即约 300 kΩ 为正常。

（4）将数字式万用表调至 Ω 挡的 200 Ω 量程。

（5）将数字式万用表的其中一个表笔放到电源继电器的 30 端，将另一个表笔放到 87 端，数字式万用表的显示值应为"1"，如果为"0"，则说明这一对触点短路，需要更换。

（6）将 + 24 V 外接电源正极加至电源继电器的 86 端，将负极加至 85 端，将数字式万用表的其中一个表笔放到电源继电器的 30 端，将另一个表笔搭至 87 端，数字式万用表的显示值应为"0"，如果显示"1"，则说明该触点有问题，需要更换。完成以上步骤后，若数字式万用表显示值与步骤描述相同，则可基本判断电源继电器的好坏。以上检测步骤不适用于工作触点磨损较为严重的情况。

2）起动接触器

一般工程机械的起动系统只使用 1 个起动接触器进行起动控制。图 3 - 3 - 6 所示是柳工的挖掘机和装载机的起动接触器的安装位置和外形。它一般常采用 100 A 起动接触器进行起动控制。也就是说，它的起动接触器触点电路的额定负载电流为 100 A，只有 1 组工作触点，为常开触点。当起动接触器线圈外加 + 24 V 电压时，产生的电磁吸力推动内部衔铁克服弹簧作用力使工作触点（常开触点）闭合，工作触点闭合后，可以接通额定负载电流为 100 A 的外电路。断开起动接触器线圈端的 + 24 V 外加电压后，起动接触器恢复原始状态。

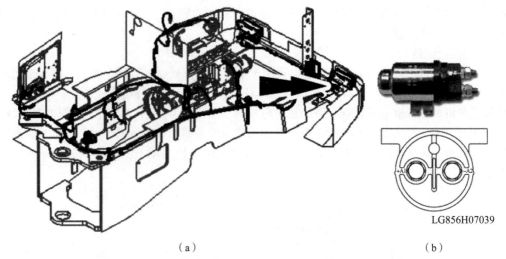

LG856H07039

（a）　　　　　　　　　　　　　　　　　　（b）

图 3 – 3 – 6　柳工挖掘机和装载机的起动接触器的安装位置和外形

（a）安装位置；（b）外形

注意事项：A1＋为电流流入方向，A2－为电流流出方向，如果连接错误，则起动接触器的磁灭弧功能不起作用，将缩短接触器的使用寿命。

起动接触器故障检测步骤如下。

（1）将数字式万用表调至 Ω 挡的 200 Ω 量程。

（2）分别将数字式万用表的两支表笔搭至起动接触器的插接器端子上，数字式万用表的显示值应为 96 Ω 左右。

挖掘机起动
继电器的检测

（3）分别将数字式万用表的两支表笔搭至起动接触器的两个大螺栓（起动接触器的工作触点端）上，数字式万用表的显示值应为"1"。

（4）将＋24 V 电源加至起动接触器的插接器（线圈端），分别将数字式万用表的两支表笔搭至起动接触器的两个大螺栓上，数字式万用表的显示值应为"0"。

完成以上步骤后，如果数字式万用表显示值与步骤描述相同，可基本判断起动接触器是好的。以上检测步骤不适用于工作触点（常开触点）磨损较为严重的情况。

3）MINI 型继电器

MINI 型继电器的外形和结构如图 3 – 3 – 7 所示。额定负载电流为 10 A/20 A，一般有两组工

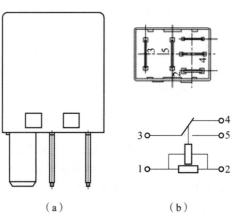

（a）　　　　　　　　　　　（b）

图 3 – 3 – 7　MINI 型继电器的外形和结构

（a）外形；（b）结构

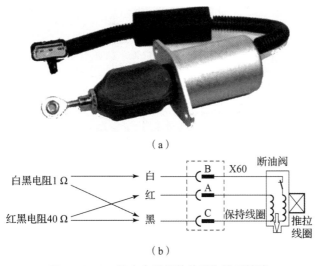

作触点，即一组常开触点和一组常闭触点，常开触点负载电流为 20 A，常闭触点负载电流为 10 A。当 MINI 型继电器线圈外加 +24 V 电压时，产生的电磁吸力将工作触点中的常开触点 3 – 5 闭合，而常闭触点 3 – 4 打开。工作触点闭合后，可以接通额定负载电流为 20 A 的外电路。断开 MINI 型继电器线圈端的 +24 V 外加电压，MINI 型继电器恢复原始状态。MINI 型继电器全部集中在电器集中控制盒上。

MINI 型继电器故障检测步骤如下。

（1）将数字式万用表调至 Ω 挡的 200 Ω 量程。

（2）将数字式万用表的红表笔搭至 MINI 型继电器的 1 端，将黑表笔搭至 2 端，数字式万用表的显示值应为 "155" 左右，否则说明 MINI 型继电器损坏。

（3）将数字式万用表的其中一个表笔搭至 5 端，将另一个表笔搭至 3 端，数字式万用表的显示值应为 "1"；将搭至 5 端的表笔移至 4 端，数字式万用表的显示值应为 "0"，否则说明 MINI 型继电器损坏。

（4）将 +24 V 外接电源正极加至 MINI 型继电器的 1 端，将负极加至 2 端，将数字式万用表的其中一个表笔搭至 5 端，将另一个表笔搭至 3 端，数字式万用表的显示值应为 "0"。将搭至 5 端的表笔移至 4 端，数字式万用表的显示值应为 "1"，否则说明 MINI 型继电器损坏。

完成以上步骤后，若数字式万用表显示值与步骤描述相同，可基本判断 MINI 型继电器是好的。以上检测步骤不适用于工作触点（常开和常闭触点）磨损较为严重的情况。

4）熄火电磁阀（断油阀）

熄火电磁阀用于控制发动机燃油油路的开启与关闭。熄火电磁阀外接红、白、黑 3 根线，红线与黑线之间的线圈（维持线圈）电阻约为 40 Ω，白线与黑线之间的线圈（推拉线圈）电阻约为 1 Ω，如图 3 – 3 – 8 所示。接线时须注意，推拉线圈和保持线圈的线切勿接反，否则将导致熄火电磁阀烧毁或整车电路起火。

（a）

（b）

图 3 – 3 – 8　熄火电磁阀的外形和线圈接线

（a）外形；（b）线圈接线

熄火电磁阀工作正常时，将起动开关打到 "ON" 挡，维持线圈（红线与黑线之间）得电（用万用表测为 24 V），但熄火电磁阀不动作；在将起动开关打到 "START" 挡的瞬间，推拉线圈（白线与黑线之间）得电（用万用表测为 24 V），熄火电磁阀吸合，同时维持线圈（红线与黑线之间）继续保持有电（用万用表测为 24 V），松开起动开关，起动开关回位后，推拉线圈立即掉电，熄火电磁阀仍然保持吸合状态。

熄火电磁阀接线如图3-3-9所示。

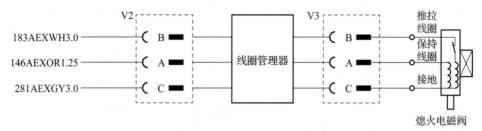

图3-3-9　熄火电磁阀接线

此外，熄火电磁阀的安装需保证拉杆的同轴度与行程，更换熄火电磁阀时，请严格按照要求操作。

熄火电磁阀控制发动机燃油油路的开启与关闭，因此，如果熄火电磁阀不能正常工作，发动机将不能起动，或起动后自行熄火。

熄火电磁阀是否正常工作的判断方法如下。

熄火电磁阀工作正常时，将起动开关打到"ON"挡，维持线圈（红线与黑线之间）得电（用万用表测为24 V），但熄火电磁阀不动作；在将起动开关打到"START"挡的瞬间，拉杆应迅速向前动作，开启燃油油路，推拉线圈（白线与黑线之间）得电（用万用表测为24 V），熄火电磁阀吸合，同时维持线圈（红线与黑线之间）继续保持有电（用万用表测为24 V），松开起动开关，起动开关自动复位至"ON"挡后，拉杆应不动（即保持在油路开启状态）推拉线圈立即掉电，熄火电磁阀仍然保持吸合状态。否则，可断定熄火电磁阀不能正常工作。

具体故障判断流程如图3-3-10所示。

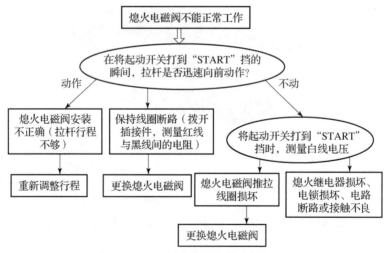

图3-3-10　熄火电磁阀故障判断流程

5）线圈管理器

线圈管理器用于保护熄火电磁阀，避免用户操作失误导致熄火电磁阀过热，熄火电磁阀线圈烧毁。它和熄火电磁阀串联在一起。

其工作原理如下。线圈管理器的输入端和输出端各有红、白、黑3根线，红、黑两线控制熄火电磁阀的维持线圈，白、黑两线控制熄火电磁阀的推拉线圈。输入端和输出端的红线是常通的（即输入端得电则输出端马上得电，输入端失电则输出端马上失电），只是输出端的白线受延时断开控制（大约 1 s），即输入端的白线得电则输出端的白线马上得电，但延时大约 1 s 后，输出端的白线不再有电，即使此时输入端的白线依然有电，这样便避免了熄火电磁阀推拉线圈长时间通电将熄火电磁阀烧毁。

3.3.2 起动机系统的工作原理

1. 起动机工作的时候，对起动机传动机构的要求

（1）发动机起动时，使起动机的驱动齿轮与发动机的飞轮进入啮合，啮合要平稳，不能发生冲击现象。

（2）发动机起动后，使起动机的驱动齿轮与发动机的飞轮脱离啮合。

2. 起动机工作原理分析

图 3-3-11 所示为起动机的工作原理。起动时，把点火开关放到 START 处，此时接通起动机的吸引线圈 7 与保持线圈 8 的电路。两个线圈的磁场产生很大的磁力，吸引活动铁芯 10 左移，并带动拨叉 11 绕其销轴移动，使小齿轮移出，与飞轮齿圈啮合。与此同时，由于吸引线圈中的电流通过电动机的磁场绕组，转子开始旋转，小齿轮在旋转中移出，减小在与飞轮啮合时的冲击。

当活动铁芯 10 左移时，将电动机接线柱 1 与蓄电池接线柱 3 接通，起动机起动。此时，与电动机接线柱 1 相连的吸引线圈 7 被短路，失去作用，但这时起动开关已接通，保持线圈 8 所产生的磁力可以维持活动铁芯 10 处于吸合位置。

起动机起动后，及时松开起动开关，磁场消失，在复位弹簧的作用下活动铁芯 10 右移回到原位，起动机电路切断，与此同时，拨叉 11 也在复位弹簧的作用下回位，并使齿轮退出啮合。

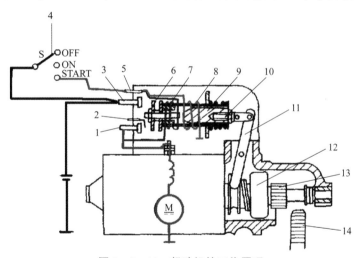

图 3-3-11　起动机的工作原理

1—起动开关接电动机接线柱；2—接点火线圈接线柱；3—电磁开关接蓄电池接线柱；4—起动开关；
5—接起动开关接线柱；6—接触盘；7—吸引线圈；8—保持线圈；9—固定铁芯和复位弹簧；
10—活动铁芯；11—拨叉；12—单向离合器；13—驱动齿轮；14—飞轮

3. 常见工程机械起动系统工作原理分析

1）工作原理分析

图 3-3-1 中的电路图为柳工 922E 挖掘机起动系统的电路图，它的工作原理分析如下。

将起动开关打到 START 挡，B1-B2 端、M 端、S 端互相接通（155 号导线、

922E 挖掘机
起动电路
工作原理

144 号导线、180 号导线接通），同时起动机的 30 端得电→蓄电池继电器线圈得电，使它对应的常开触点导通→101 号导线、105 号导线接通，而安全继电器线圈由于 144 号导线已经接通，所以它对应的常开触点闭合→101 – 122 – 300 这一路线导通，如果这个时候先导切断阀开关处于闭合状态，则使 310 导线导通→先导控制起动继电器 K7 线圈（通过 310→230）得电，使 K7 对应的常开触点闭合→当控制器给控制器控制起动继电器 K8 发送"0"信号的时候，控制器控制起动继电器 K8 线圈无法得电，则它对应的常闭触点处于闭合状态。当 ECM 起动保护给 ECM 控制继电器 K9 发送"1"信号时，ECM 控制继电器 K9 线圈得电，同时它对应的常开触点闭合，从而使起动继电器 K1 线圈得电（电路通过 180→525→526→181→起动继电器 K1 线圈）→起动继电器 K1 对应的常开触点闭合→182 号导线得电→起动机的 50 端得电，而 30 端已经得电。这时起动机开始工作，起动发动机。当整机起动完毕后，ECM 起动保护给 ECM 控制继电器 K9 发送"0"信号，则 ECM 控制继电器 K9 线圈失电，从而使起动继电器 K1 线圈也失电，起动机的 50 端也失电，起动机退出运行，从而防止了驱动齿轮与飞轮齿圈撞击，起到保护的作用。也就是说，发动机 ECM 启用了起动保护功能，让起动机顺利退出工作。

2）起动机能正常起动必须满足的条件

（1）起动继电器 K1 线圈得电。

（2）ECM 控制起动继电器 K9 线圈得电。

（3）控制器控制起动继电器 K8 线圈不得电。

（4）先导控制起动继电器 K7 线圈得电。

（5）先导切断阀开关置于"ON"挡。

（6）安全继电器 K11 线圈得电。

（7）蓄电池继电器线圈得电。

由于以上 7 个条件必须都要满足，少一个都不行。在挖掘机发生故障后，在检测查找故障原因的过程中必须对相应 7 个元器件均进行检测排除。

任务实施

1. 基础知识

（1）起动机的结构如图 3 – 3 – 12 所示，请完善它的零部件名称。

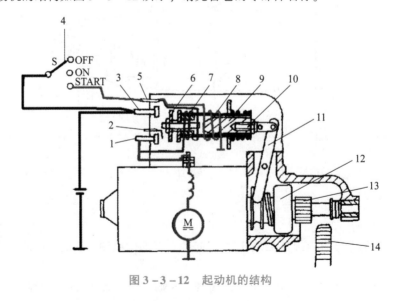

图 3 – 3 – 12　起动机的结构

1——起动开关接电动机接线柱；

2——接点火线圈接线柱；

3——电磁开关接蓄电池接线柱；

4——_____；

5——接起动开关接线柱；

6——_____；

7——_____；

8——_____；

9——固定铁芯和复位弹簧；

10——_____；

11——_____；

12——_____；

13——_____；

14——_____。

装载机
起动电路

（2）起动机工作的时候，对起动机传动机构的两个要求如下。

①_____

②_____

（3）图3-3-13所示是柳工856H装载机的起动系统电路图，根据电路图写出起动系统组成元件及其作用。

（4）分析动控制电路的工作过程并录制视频上传到课程网站。

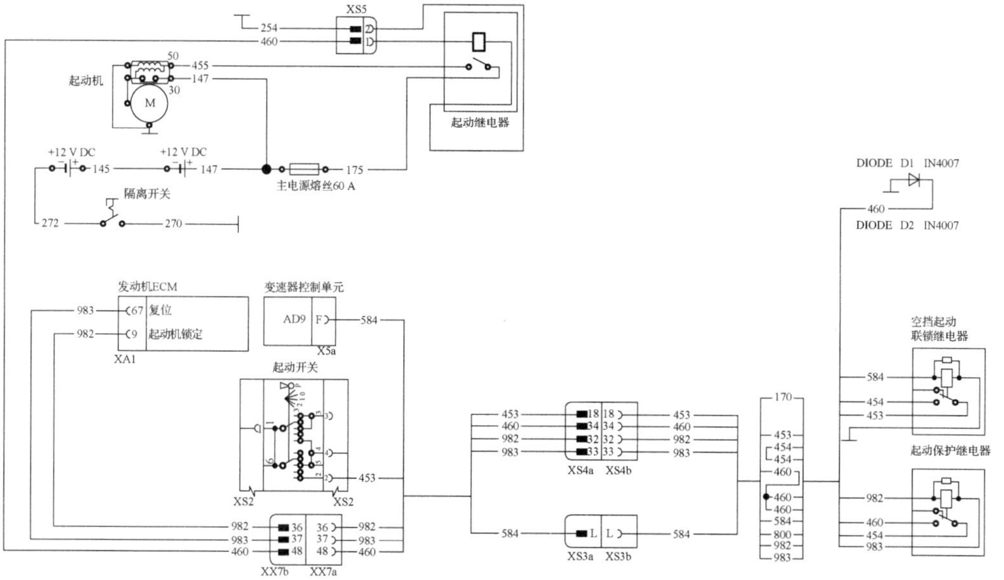

图3-3-13　柳工856H装载机的起动系统电路图

2. 起动系统故障检修

检修机型：_____。

（1）故障现象：_____。

（2）制定检查流程并画出流程图。

（3）检测并诊断。

电路检修要点（参考）如下。

①检查蓄电池电压是否正常。

检查结果与分析：_____。

②检查熔丝是否完好。

检查结果与分析：_____。

③检查线束、插头连接是否完好。

检查结果与分析：_____。

④检查相应的继电器是否正常（如起动继电器、电源继电器、安全继电器等）。

检查结果与分析：_____。

⑤检查点火开关是否正常。

检查结果与分析：_____。

⑥检查起动机电磁开关是否完好。

检查结果与分析：_____。

⑦检查起动电动机是否正常。

检查结果与分析：_____。

（4）检查起动机修复质量，必须注意起动机的安装顺序与拆卸顺序相反（先拆的后装）。

（5）评估。

项目4　检修雨刮系统

学习笔记

 学习目标

（1）掌握电动雨刮器的组成、结构及工作原理；

（2）掌握洗涤器的结构及工作原理；

（3）能识读和分析工程机械雨刮系统电路图；

（4）能维修工程机械雨刮系统故障；

（5）具有安全意识；

（6）会系统分析问题。

任务名称

某装载机雨刮开关打开后雨刮器不工作。检修该装载机的雨刮系统存在什么问题并进行修复。

● 任务工单

任务名称	装载机雨刮系统检修	序号		日期	
级别		耗时		班级	
任务要求	在规定的时间内完装载机雨刮系统的故障检测与排除				

（1）某装载机雨刮系统控制电路图如下。

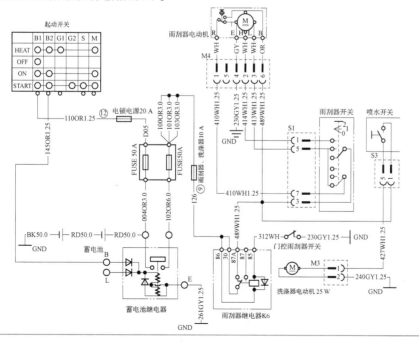

学习笔记

任务名称	装载机雨刮系统检修	序号		日期	
级别		耗时		班级	

（2）在上图中，如雨刮器无法运转，试分析原因，说明排故方法并写出排故步骤。

①故障原因：

②排故流程：

● 考核评价表

项目	考核标准	分值
职业素养、安全文明生产（30分）	穿工作服（实训服）；小组中有成员不穿工作服，本项目不得分（具有安全意识）	4
	向在"一带一路"国家从事维修工作的师兄学习，能吃苦耐劳并有大国意识（通过调查问卷确定）	3
	故障排除后，需经教师确认安全后再上电试机（具有安全意识）	5
	故障排除后，要求不增加故障，无短路安全隐患，出现任何一项问题本项目不得分（具有安全意识）	6
	工作过程中零部件、工具不落地，每落地1次扣2分，直到扣完为止（团队要互相配合，要具有服务意识）	6
	工后5S，每漏整理1项扣2分（具有服务于后面组操作的意识）	6
技能操作（40分）	排故流程图清晰，排故操作步骤、顺序正确。步骤错误每次扣5分，操作错误每次扣5分，每漏1项扣5分，直到扣完为止（会用系统思维方法思考问题）	25
	操作过程中操作不当导致短路或者把保险或其他电气元件损坏的，每个扣9分，直到扣完为止（具有安全意识）	9
	能按规范要求正确使用工具、仪器，使用错误1次扣3分，直到扣完为止	6
完成质量（20分）	故障排除后上电试机，工作正常得12分；需二次排故才工作正常得6分；上电时出现短路或者保险烧坏，本项不得分	12
	在规定时间内完成任务，认真填写任务工单，答题正确（具有爱岗敬业、精益求精的精神）	8
增值项：电路优化（10分）	在故障排除给机械上电试机正常后，再次优化排故流程图，设计合理，方案特别优秀得8分；方案比较优秀，无多余步骤得6分；排故流程图每多增加1个无用步骤扣2分，直到扣完为止；排故流程图特别混乱的根据实际情况酌情扣分（会用系统思维方法思考问题，具有精益求精的工匠精神）	8
	排故流程图设计新颖，具有创新性（具有精益求精的工匠精神）	2

任务4.1　检修电动雨刮器

学习目标

(1) 掌握电动雨刮器的组成、结构和工作原理；
(2) 了解清洗装置的主要组成元件及其功能；
(3) 能分析电动雨刮器和洗涤器电路的控制原理；
(4) 具有安全意识。

工作任务

某客户的856H挖掘机在打开雨刮开关后雨刮器不工作。请帮客户检修其雨刮器。

相关知识

4.1.1　雨刮器

刮水器概述

为了保证工程机械在雨天或雪天时有良好的视线，确保工程机械工作安全，在工程机械的挡风玻璃上装有雨刮器。一般工程机械的前挡风玻璃上都装有2个刮水片。

工程机械上采用的雨刮器种类很多，根据其动力不同可分为真空式、气动式和电动式3种。由于电动雨刮器具有动力大、工作可靠、容易控制、不受发动机工况影响等优点，所以它在工程机械上得到了广泛应用。

电动雨刮器主要由一个动力源和一套传动机构构成，其中动力源是一个微型直流电动机，如图4-1-1所示。工作时，电动机11旋转，通过蜗杆10、蜗轮9降速，使与蜗轮偏心相连的拉杆8做往复运动，再通过拉杆3、7以及摆杆2、4、6带动左、右两个刷架1、5做往复摆动，橡胶刮水片便刮去挡风玻璃上的泥土、雪花和雨水等。下面就常用的几种雨刮器进行介绍。

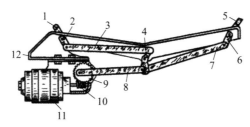

图4-1-1　电动雨刮器的结构

1，5—刷架；2，4，6—摆杆；3，7，8—拉杆；9—蜗轮；10—蜗杆；11—电动机；12—底板

1. 永磁式电动雨刮器

目前应用于工程机械上的雨刮器电动机很多是永磁式直流电动机。其定子磁场是由铁氧体制成的一组永久磁铁。它具有结构简单、比功率大、耗电省、机械特性较硬等优点。这种电动机在运行时，其磁场强弱是不能改变的，为了得到两种转速，通常在电动机内安装3个电刷，通过电刷的变换，改变两个电刷间的导体数，达到变速的目的，如图4-1-2所示。图中B3为高低速共用电刷，B1为低速电刷，B2为高速电刷，B1和B2相差60°。

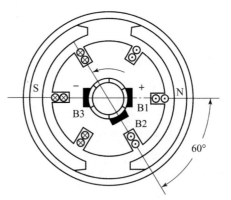

图 4 - 1 - 2　3 刷式电动机

永磁式电动双速雨刮器的工作原理如图 4 - 1 - 3 所示。

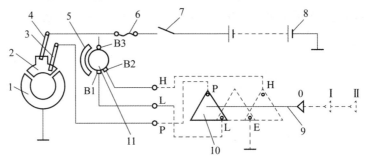

图 4 - 1 - 3　永磁式电动双速雨刮器的工作原理

1, 2—自动复位装置滑片; 3, 4—自动复位装置触片; 5—永久磁铁; 6—熔丝;
7—总开关; 8—蓄电池; 9—变速开关; B1, B2, B3—电刷; 10—接触片; 11—转子

1) 低速挡的工作情况

接通总开关 7, 当把变速开关 9 拉到 "Ⅰ" 挡 (低速挡) 时, 电流从蓄电池正极→总开关 7→熔丝 6→高、低速共用电刷 B3→转子 11→低速电刷 B1→接线柱 L→接触片 10 (LE) →接线柱 E→接地→蓄电池负极, 构成回路。此时, 电流通过电刷 B3 和 B1 之间的导体数较多, 电动机以低速运转, 因此刮水片以低速状态刮去挡风玻璃上的雨或雪。

2) 高速挡的工作情况

当变速开关 9 拉到 "Ⅱ" 挡 (高速挡) 时, 电流从蓄电池正极→总开关 7→熔丝 6→高、低速共用电刷 B3→转子 11→电刷 B2→接线柱 H→接触片 10 (HE) →接线柱 E→接地→蓄电池负极, 形成回路, 此时电流通过 B3 和 B2 间的导体数减少, 电动机转速升高, 因此刮水片以高速状态刮去挡风玻璃上的雨或雪。

3) 关机时的工作情况

当变速开关拉到 "0" 挡 ("停止" 挡) 时, 如果刮水片没有停到规定的位置, 由于自动复位装置触片 3 与自动复位装置滑片 1 接触, 电流继续流入转子, 其电路为: 蓄电池正极→总开关 7→熔丝 6→电刷 B3→转子 11→电刷 B1→接线柱 L→接触片 10 (LP) →接线柱 P→自动复位装置触片 3→自动复位装置滑片 1→接地→蓄电池负极, 电动机以低速运转, 直至蜗轮转至图 4 - 1 - 3 所示的位置, 电路中断。刮水片必须迅速可靠地停在规定位置, 以避免影响驾驶员的视线。由于转子的惯性, 电动机不可能立即停止转动, 电动机以发电制动方式运行, 利用发电制动, 从而使刮水片迅速可靠地停在规定位置。发电制动短路电路为: 转子正极→电刷 B3→自动复位装置触片 4→自动复位装置滑片 2→自动复位装置触片 3→接线柱 P→接触片 10 (PL) →接线柱 L→电刷 B1→转子负极。

2. 复励式电动雨刮器

复励式电动机的磁场由磁极铁芯和绕组构成，它的变速是通过改变磁极的磁通来实现的。这种雨刮器的工作原理如图4-1-4所示。

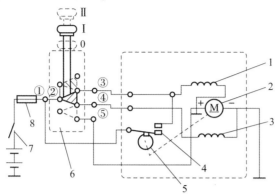

图4-1-4 复励式电动雨刮器的工作原理

1—串励绕组；2—转子；3—并励绕组；4—触点；5—凸轮；6—雨刮器开关；7—总开关；8—熔丝

1）低速挡的工作情况

当雨刮器开关6在"Ⅰ"挡（即"低速"挡）时，电流从蓄电池正极→总开关7→熔丝8→接线柱②→接触片，在这里电流分成两路，一路是：接触片→接线柱③→串励绕组1→转子2→接地→蓄电池负极，形成回路；另一路是：接触片→接线柱④→并励绕组3→接地→蓄电池负极，形成回路。在串励绕组和并励绕组的共同作用下，磁场较强，电动机以低速旋转。

2）高速挡的工作情况

当雨刮器开关在"Ⅱ"挡（即"高速"挡）时，电流从蓄电池正极→总开关7→熔丝8→接线柱②→接触片→接线柱③→串励绕组1→转子2→接地→蓄电池负极，形成回路。由于并励绕组3被隔出，磁场减弱，所以电动机以高速旋转。

3）关机时的工作情况

该电动机的自动回位原理是当雨刮器开关6置于"0"挡时，如果刮水片未停在合适的位置，则触点4仍闭合，电流继续流入串励绕组1，即电流从蓄电池正极→开关7→熔丝8→接线柱①→接触点4→串励绕组1→转子2和并励绕组3并联→接地→蓄电池负极，形成回路，于是电动机继续转动。当凸轮5转至顶开触点4位置时，电路被切断。由于转子的惯性，电动机仍然转动，电动机仍采用发电制动，使刮水片正好停在挡风玻璃的下沿。发电制动短路电路为：转子正极→接线柱⑤→接触片→接线柱④→并励绕组3→转子负极。

3. 间歇式电动雨刮器

工程机械在毛毛细雨中或雾中行驶时，如果雨刮器以上述方式按一定速度刮拭，挡风玻璃上的灰尘和微量的水分会形成一个发黏的表面，不仅不能刮拭干净，反而会使挡风玻璃越来越模糊，影响工程机械驾驶员的视线。为此有些工程机械雨刮器加装了电子间歇控制系统，在碰到上述状况时打开间歇开关，使雨刮器按一定的周期刮拭，每次刮拭后停止2～12 s，这样可以使工程机械驾驶员获得较好的视线。

常见的间歇式电动雨刮器的间歇控制电路分为不可调节式和可调节式两种。

1）不可调节式间歇控制电路

图4-1-5所示为集成间歇振荡控制电路。当闭合间歇开关1时，集成块的3端将输出高电位，使继电器K磁化线圈通电，在电磁吸力的作用下，常闭触点打开，常开触点闭合，雨刮器电动机运

转。电路为：蓄电池正极→电源开关6→熔丝7→电刷B3→雨刮器电动机转子→电刷B1→雨刮器开关4→继电器常开触点S2→接地→蓄电池负极。经过一段时间后3端输出电位降低，继电器复位，常开触点打开，常闭触点闭合。此时，由于自动复位开关的常开触点处于闭合状态，电动机仍将继续转动。其电路为：蓄电池正极→电源开关6→熔丝7→电刷B3→雨刮器电动机转子→电刷B1→雨刮器开关4→继电器常闭触点S1→复位开关常开触点接地→蓄电池负极。只有当刮水片回到原位，自动复位开关的常开触点打开，常闭触点闭合时，电动机方能停止转动，继而重复以上过程。

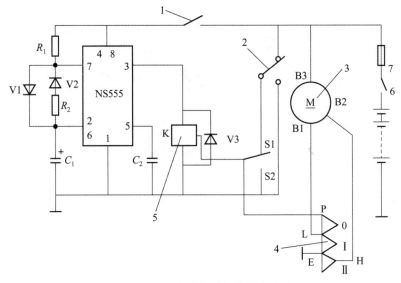

图4-1-5　集成间歇振荡控制电路

1—间歇开关；2—自停开关；3—雨刮器电动机；4—雨刮器开关；5—继电器；6—电源开关；7—熔丝

2）可调节式间歇控制电路

所谓可调节式间歇控制电路是指能使雨刮器根据雨量大小自动开闭，并自动调节间歇时间的电路。

图4-1-6所示为雨刮器自动开关与调速控制电路。电路中S1、S2和S3是安装在挡风玻璃上的流量检测电极，雨水落在两检测电极之间，使其电阻减小，水流量越大，其电阻越小。

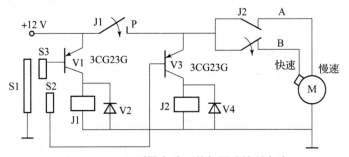

图4-1-6　雨刮器自动开关与调速控制电路

S1与S3之间的距离较小（约2.5 cm）。因此，晶体管V1首先导通，继电器J1通电，在电磁吸力的作用下，P点闭合，雨刮器电动机低速旋转。当雨量增大时，S1与S2之间的电阻减小到使晶体管V3也导通，于是继电器J2通电，在电磁吸力的作用下，A点断开，B点接通，雨刮器电动机高速旋转。雨停时，检测电极之间的电阻增大，晶体管V1、V3截止，继电器复位，雨刮器电动机自动停止工作。

图4-1-7所示为雨刮器电子调速器电路。该调速器可根据雨量大小或雾天实际情况，自动

调节刮水片的摆动速度，使挡风玻璃的清晰度提高，且能自动接通或关闭雨刮器，以达到无级调速的目的。其中，传感器 M（雨滴传感器）是用镀铜板（尺寸为 6.5 cm×6.5 cm）制成的两个间隔很近，但互不相通的电极。现在有些工程机械会配套有比较先进的雨滴传感器，它能通过感应雨滴来获得刮水的最佳时间。

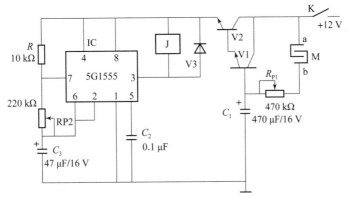

图 4－1－7　雨刮器电子调速器电路

图 4－1－8 所示为某工程机械的刮水系统电路原理图，它由间歇控制器 1、雨刮器开关 2、洗涤器电动机 3、雨刮器电动机 4 等组成。间歇控制器由电子元件与小型继电器组合而成。

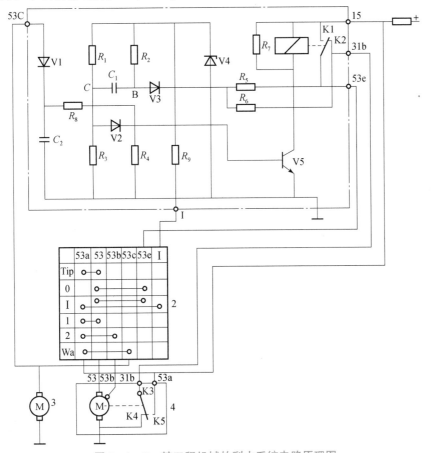

图 4－1－8　某工程机械的刮水系统电路原理图

1—间歇控制器；2—雨刮器开关；3—洗涤器电动机；4—雨刮器电动机

雨刮器开关有以下几挡。

（1）"TiP"挡：点动；

（2）"0"挡：停；

（3）"Ⅰ"挡：间歇；

（4）"1"挡：慢速；

（5）"2"挡：快速；

（6）"Wa"挡：洗涤。

主要技术参数：工作电压为 12 V；刮水时间为 2~4 s；间歇时间为 4~6 s。

间歇控制器的工作原理为：当雨刮器开关置于"间歇"挡（"Ⅰ"挡）时，电源经过熔丝、雨刮器开关 53a 端、雨刮器开关内部"Ⅰ"挡接入间歇控制器的"Ⅰ"端。C_1 被充电。

C_1 的充电电路为：蓄电池正极→熔丝→雨刮器开关 53a 端→"Ⅰ"挡→间歇控制器"Ⅰ"端→R_9→R_2→C_1→V2→三极管 V5 的基极、发射极→接地→蓄电池负极。充电后 C 点电位为 1.6 V，B 点电位为 5.6 V，C_1 两端有 4 V 电位差。

C_1 充电时，其充电电流为三极管提供偏流，使三极管导通，接通了继电器线圈的电路，继电器常开触点 K1 闭合，常闭触点 K2 打开，电流经 K1、53e、开关内"Ⅰ"挡、53 端进入雨刮电动机的转子，使雨刮器电动机慢速旋转，雨刮器开始工作。

当刮水片往返 1 次又回到挡风玻璃最下位置时，雨刮器电动机也旋转至自动复位时，K3、K4 接通，使 31b 端接地，为 C_1 的放电提供了回路。

C_1 放电回路主要有两条。一条经 R_2、R_1 放电，另一条经 V3、R_6、31b，电动机自动复位，触点 K3、K4 接地，稳压管 V4、R_1 放电，放电瞬间 B 点电压突然降到 2.8 V，由于 C_1 原有 4 V 的电位差，使 C 点电位降到 -1.2 V，三极管 V5 截止，切断了继电器线圈的电路，则其常开触点 K1 又打开，常闭触点 K2 又闭合，恢复到自然状态时的 31b 与 53e 接通，将电阻 R_5、R_6 并联，加速 C_1 的放电，为 C_1 的再充电做准备。

随着时间的增加，C 点电位逐渐升高，当 C 点电位接近 2 V 时，三极管又导通，C_1 又恢复为充电状态。

可见，只要雨刮器开关置于"间歇"挡，电源便接入间歇控制器的"Ⅰ"端，C_1 就会不间断地充、放电，三极管就会重复导通、截止，使继电器反复接通与切断，如此，形成间歇刮水的工作状态。刮水时间为 2~4 s，间歇时间为 4~6 s，直到断开雨刮器开关。

4.1.2　洗涤器

为了及时消除挡风玻璃上的灰尘和污物，使工程机械驾驶员有良好的视线，有些工程机械上还装有洗涤器。图 4-1-9 所示为柳工 922E 挖掘机的洗涤器，它由储液箱 1、洗涤泵 2、输水

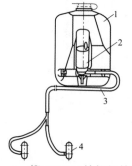

图 4-1-9　柳工 922E 挖掘机的洗涤器

1—储液箱；2—洗涤泵（直流电动机和离心泵）；3—输水软管；4—喷嘴

软管 3 与喷嘴 4 等组成。储液箱由塑料制成，其内装有洗涤液。洗涤液一般由水或水与适量的添加剂组成，添加剂有助于清洁或降低冰点。如在水中加入 5% 的氯化钠（食盐）可提高洗涤液的润湿与清洁能力，在寒冷地区为防止洗涤液冻结，可在水中加入 50% 的甲醇或异丙基酒精。

洗涤泵由一只微型永磁直流电动机和离心泵组成。该电动机是封闭式、短时工作的高速电动机，空载转速可达 20 000 r/min。当挡风玻璃上有灰尘或污物时，先开动洗涤泵，将洗涤液以一定压力（88 kPa）经喷嘴喷到刮水片的上部，湿润玻璃，然后开动雨刮器，将挡风玻璃上灰尘或污物刮掉。

应注意，洗涤器和雨刮器的控制电路是分开的，因此使用时要先开动洗涤泵，后开动雨刮器，并注意洗涤泵连续工作时间不超过 5 s，使用间歇时间不得少于 10 s。要经常检查和补充洗涤液，无洗涤液时，不得开动洗涤泵。洗涤液要保持清洁，以免堵塞喷嘴。在冬季应加注防冻添加剂，以防储液箱冻裂。

4.1.3　电动雨刮器及洗涤器电路

为了使洗涤器与雨刮器更好地配合工作，可以使用复合控制电路进行控制。下面以某工程机械的雨刮器与洗涤器为例，介绍雨刮器及洗涤器的控制过程，其电路如图 4 – 1 – 10 所示。

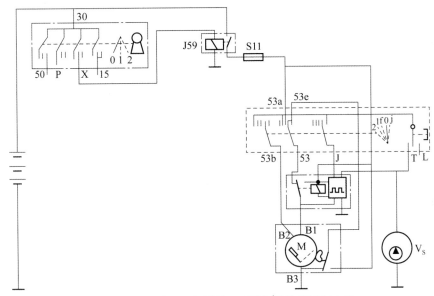

图 4 – 1 – 10　某工程机械的雨刮器与洗涤器控制电路

其工作原理分析如下。

雨刮器控制开关有 5 个挡位，其中"1"挡为"低速"挡（42 ~ 52 r/min）；"2"挡为"高速"挡（62 ~ 80 r/min）；"f"挡为"点动"挡；"0"挡为"复位停止"挡；"J"挡为"间歇"挡。雨刮器电动机为双速永磁直流电动机，电路受点火开关和中间继电器的控制。

1. 高速挡工作

当把雨刮器开关拨到"2"挡（"高速"挡）时，蓄电池向电动机的供电回路为：蓄电池正极→中间继电器触点→熔丝 S11→雨刮器开关 53a 接柱→雨刮器开关 53b 接柱→电刷 B2→电刷 B3→接地→蓄电池负极。因两电刷间导体数较少，故电动机以 62 ~ 80 r/min 的转速高速运转。

2. 低速挡工作

当把雨刮器开关拨到"Ⅰ"挡（"低速"挡）时，雨刮器电动机的电路也被接通，但电流在电动机的内部是由电刷1、转子经电刷3接地形成回路的，这时电动机两电刷间导体数增加，因此，电动机以42～52 r/min的转速低速运转。

3. 点动挡及复位停止挡工作

当雨刮器开关拨到"f"挡（"点动"挡）时，蓄电池将通过雨刮器开关、间歇继电器常闭触点向雨刮器电动机供电，回路为：蓄电池正极→中间继电器触点→熔丝S11→雨刮器开关53a接柱→雨刮器开关53接柱→间歇继电器常闭触点→电刷B1→电刷3→接地→蓄电池负极。此时电动机以低速运转。当手离开雨刮器开关时，雨刮器开关将自动回到0挡；如果此时刮水片处在影响工程机械驾驶员视线的位置上，自动复位装置常闭触点打开，常开触点闭合，雨刮器电动机转子内仍有电流通过。其回路为：蓄电池正极→中间继电器触点→熔丝S11→自动复位装置的常开触点→雨刮器开关53e接柱→雨刮器开关53接柱→间歇继电器常闭触点→电刷B1→电刷B3→接地→蓄电池负极。因此，电动机仍能以低速运转，只有当复位装置处在图示位置时，雨刮器电动机方可停止转动。

4. 间歇挡工作

当雨刮器开关拨到"J"挡时，间歇继电器投入工作，使其触点不断地开闭。当间歇继电器常闭触点打开，常开触点闭合时，蓄电池供电回路为：蓄电池正极→中间继电器触点→熔丝S11→间歇继电器的常开触点→电刷B1→电刷B3→接地→蓄电池负极。此时电动机低速运转。当间歇继电器断电，其触点复位（常闭触点闭合，常开触点打开）时，电动机将停止运转。在此过程中，自动复位装置的工作与制动力矩的产生与上述相同。在间歇继电器的作用下，刮水片每隔6 s左右摆动1次。

5. 洗涤器工作

当将洗涤器开关接通（将雨刮器开关向上扳动）时，洗涤泵控制电路接通，其回路为：蓄电池正极→中间继电器触点→熔丝S11→洗涤器开关→洗涤泵Vs→接地→蓄电池负极。位于发动机盖上的几个喷头同时向挡风玻璃喷出洗涤液。与此同时，雨刮器间歇继电器的控制电路接通，其回路为：蓄电池正极→中间继电器触点→熔丝S11→洗涤器开关→雨刮器间歇继电器→接地→蓄电池负极。刮水片即刮掉已经湿润了的灰尘、脏物。当工程机械驾驶员松开控制手柄时，洗涤器开关将自动复位，洗涤泵停止工作。在自动复位装置的作用下，只有当刮水片位于挡风玻璃的右下端位置时，雨刮器电动机才自动停止转动。

4.1.4 电动雨刮器及洗涤器的检修

1. 电动雨刮器的检修

1）电动机的检修（现在一般情况下都是直接更换，如果在比较恶劣的环境中没有配件可换则检）

（1）检查换向器表面有无烧蚀，若有轻微烧蚀，可用细砂布修磨；若严重烧蚀，则必须车光或更换。

（2）检查电刷高度，一般应不低于8 mm，否则应予以更换。

（3）检查转子轴与轴承的配合间隙，要求其配合间隙不超过0.1 mm，摇臂的轴向间隙应不超过0.12 mm，否则应更换。

（4）检查蜗杆、蜗轮有无磨损，若磨损严重应更换。

（5）对于永磁式电动机，可用万用表测量励磁绕组和转子绕组，检查其有无短路、断路现象，若有应重绕或更换。

2）自动复位装置的检修

自动复位装置应使刮水片自动停在挡风玻璃的下部、驾驶员的视线以外。当自动复位装置的触点污损或接触不良时，应清洁或整修触点。自动复位装置簧片不可变形，若触点不能开闭，应矫正自动复位装置的簧片。

3）雨刮器开关的检修

图 4－1－11 所示为拨动式雨刮器开关的电路。当开关位于"0"挡时，试灯 HL2 和 HL3 应该亮；当开关拨至"低速"挡时，试灯 HL2 应该亮；当开关拨至"高速"挡时，试灯 HL1 应该亮。否则，可能为内部触点接触不良或烧坏，应拆开检修或更换。雨刮器开关的检查也可使用万用表操作。

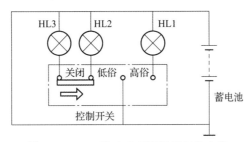

图 4－1－11　拨动式雨刮器开关的电路

4）传动机构的检修

（1）检查传动杆是否弯曲变形，如变形应予以校正。

（2）检查刮水臂是否变形，若变形应及时整修或更换。

（3）若刮水橡皮条过脏，挡风玻璃上将留下水痕。此时应用尼龙刷、酒精或洗涤剂把橡皮条清洗干净。若橡皮条老化、磨坏或表面破裂，需更换橡皮条。

（4）检查各连接球头及球座，若磨损严重应予以修理或更换。

（5）将电动机接上相应的电源进行高速和低速试验，应运转平稳，无机械摩擦声。否则，应予以修理。

2. 洗涤器的检修

洗涤器的常见故障有洗涤泵电动机损坏、熔丝熔断、连接导线断脱、接地不良、开关接触不良、三通或喷嘴堵塞、输水软管破裂或接头泄漏等，致使洗涤泵不工作、洗涤泵工作但不喷液或喷射压力过低等。许多洗涤器的故障是输液系统引起的。因此，应首先拆下泵体上的输水软管，然后使洗涤泵工作。如果洗涤泵能够喷出洗涤液，则故障出在输液系统。

如需更换电动机，可先拔下洗涤泵上的线束插接器和输水软管后，按照图 4－1－12 所示进行操作。

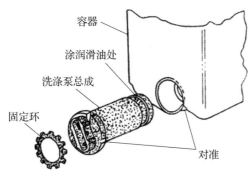

图 4－1－12　洗涤器电动机的更换

洗涤器的管道应无破裂，输水软管远离发动机高温位置，喷嘴和三通及滤网应及时疏通和清洗。喷孔、连接管、储液箱的密封应保持良好，否则应予以更换。

任务实施

1. 基础知识

（1）雨刮器电动机有_____式和_____式两种。

（2）永磁式电动机的磁场是_____，永磁式双速雨刮器的变速是通过改变_____来实现的，因此其电刷通常有_____个。

（3）自动复位装置主要由_____和_____组成。

（4）洗涤器主要由_____、_____、_____及_____等组成。

2. 故障检修

对雨刮器不移动的故障进行诊断。

检测机型：_____。

（1）故障现象：_____。

（2）制定检测流程：

（3）故障结果分析。

电路检修要点（参考）如下。

①检查雨刮器熔丝是否完好。

检查结果：_____。

②检查雨刮器开关是否正常。

检查结果：_____。

③检查插接件是否松动及线束是否磨损。

检查结果：_____。

④检查雨刮器电动机是否正常。

检查结果：_____。

（4）修复。

检查修复质量：_____。

（5）评估。

任务 4.2 检修装载机雨刮系统

学习目标

（1）了解工程机械雨刮系统的组成；
（2）能识读工程机械雨刮系统电路图；
（3）能诊断并修复工程机械雨刮系统；
（4）具有系统思维。

工作任务

某客户的柳工 856H 装载机在雨刮器开关后，其雨刮器不工作。请帮该客户检修其装载机的雨刮系统存在什么问题并进行修复。

相关知识

4.2.1　雨刮器开关

工程机械上的雨刮器开关不像汽车上的雨刮器开关那样集中放置，一般会根据情况设计。这里以柳工 856H 装载机为例说明。左侧面板雨刮器开关如图 4 – 2 – 1 所示，其含义如下。

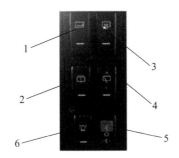

雨刮系统

图 4 – 2 – 1　左侧面板雨刮器开关

1：切换显示开关；
2：后雨刮器开关；
3：除霜开关（选装）；
4：后窗喷水开关；
5：动力切断选择开关；
6：旋转警示灯开关（选装）。

一般除霜开关和旋转警示灯开关由不同类型的机型选装，不是标配。以下对除霜开关和后窗喷水开关进行说明。

 除霜开关：用于控制后窗电热除霜装置启动或关闭。

 后窗喷水开关：按住后窗喷水开关，洗涤器工作，将水壶中的水喷射到后窗玻璃上，松开后洗涤器开关自动复位，洗涤器停止喷水。

注意事项如下。

（1）在工作过程中，应经常检查洗涤器水壶中的水是否耗尽，以避免洗涤器无水清洗窗玻璃而影响视线。

（2）当环境温度低于0℃时，应将洗涤器水壶放空或在水壶中加注防冻液，否则洗涤器会因结冰而无法工作，甚至会被冻坏。

（3）由于有添加剂的洗涤液有可能对人体造成损害，故应按照当地有关法律规定进行处理。

洗涤器水壶位于装载机左侧扶梯后的箱子内。它的外形图如图4-2-2所示。

图4-2-2 洗涤器水壶的外形

右侧面板雨刮器开关如图4-2-3所示，其含义如下。

1：后雨刮器间歇挡开关；

2：FNR功能使能开关（选装）；

3：第三联锁止开关；

4：九针数据诊断口。

其中3为旋转组合开关，按图示位置旋转组合开关，旋转到"Ⅰ"的位置为前雨刮器低速转动，旋转到"Ⅱ"的位置为前雨刮器高速转动，旋转到"J"的位置为前雨刮器间歇转动，旋转到"0"的位置为前雨刮器停止转动。

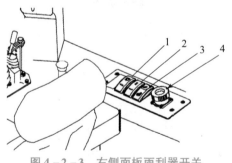

图4-2-3 右侧面板雨刮器开关

后雨刮器间歇开关：按下此开关，后雨刮器间歇功能开启，后雨刮器间歇循环工作。

需要清洗玻璃的时候，往内推动洗涤器开关，洗涤器工作。水壶中的水喷射到挡风玻璃上，雨刮器开始工作，进行清洗。松开后洗涤器开关自动复位，洗涤器停止喷水，雨刮器停止清洗工作，如图4-2-4所示。

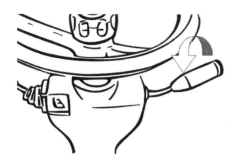

图 4 − 2 − 4　前雨刮器控制

4.2.2　雨刮系统控制电路分析

图 4 − 2 − 5 所示为某装载机上的雨刮系统控制电路。它的工作原理分析如下。

1. 低速挡

当雨刮器开关位于低速挡时，电流由蓄电池正极→点火开关 30→点火开关 X →卸荷继电器 J59→熔丝 S11→雨刮器开关 53a 和 53→雨刮器电动机 53→雨刮器电动机低速电刷→搭铁，此时雨刮器电动机低速工作。

2. 高速挡

当雨刮器开关位于高速挡时，电流由蓄电池正极→点火开关 30→点火开关 X →卸荷继电器 J59→熔丝 S11→雨刮器开关 53a 和 53b→雨刮器电动机 53b→雨刮器电动机高速电刷→搭铁，此时雨刮器电动机高速工作。

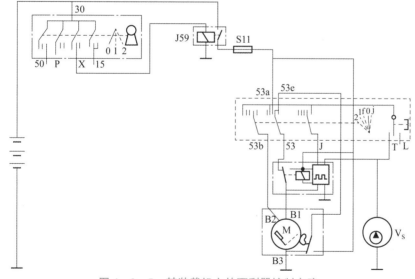

图 4 − 2 − 5　某装载机上的雨刮器控制电路

3. 间歇挡

当雨刮器开关位于间歇挡时，通过雨刮器开关（53a − J）给间歇继电器提供间歇信号（间歇继电器的"J"端子带电），使间歇继电器的触点不断开闭。当间歇继电器的常开触点闭合时，电流由蓄电池正极经中间继电器触点、熔丝 S11 至间歇继电器的常开触点，然后通过低速电刷向雨刮电动机供电，雨刮电动机开始低速旋转。雨刮电动机开始旋转后，间歇继电器的常开触点断开，常闭触点闭合，雨刮电动机转到复位位置时停转。经过几秒的间歇后，雨刮器再次工作。如此循环往复, 雨刮器实现间歇工作。

4. 洗涤挡

当雨刮器开关位于洗涤挡时, 通过洗涤器开关向洗涤器电动机供电, 带动洗涤泵工作。洗涤器开关同时向间歇继电器提供洗涤信号 (间歇继电器的 "T" 端子带电) 使间歇继电器的常开触点闭合, 给雨刮电动机供电 (电流路径与间歇挡时相同), 使雨刮器低速刮水。

5. 空挡

当雨刮器开关位于空挡时, 若雨刮器未复位, 复位开关常开触点处于闭合状态, 电流由蓄电池正极经中间继电器触点、熔丝 S11、复位开关、雨刮器开关 (53e – 53) 至间歇继电器的常闭触点, 然后通过低速电刷、搭铁电刷回到蓄电池负极, 电动机继续低速转动, 直到雨刮器复位, 复位开关的常开触点断开, 电动机停转。

4.2.3 雨刮器控制电路的故障检修

1. 挡风玻璃雨刮器的故障检修

挡风玻璃雨刮器的常见故障有: 雨刮器不工作、间断性工作、持续操作不停及刮水片不能复位等。它的故障分电气故障和机械故障两大类。下面以图 4 – 2 – 5 所示电路为例, 分析挡风玻璃雨刮器的故障诊断方法。

1) 雨刮器不工作

如果雨刮器在所有挡位都不工作, 按照图 4 – 2 – 6 所示的检测流程进行检测。

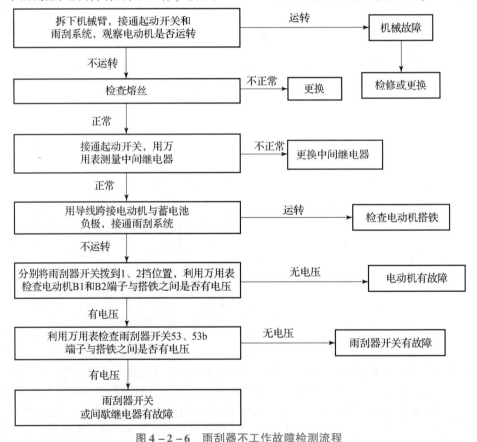

图 4 – 2 – 6　雨刮器不工作故障检测流程

2）雨刮器运转速度慢或运转无力

大多数导致雨刮器运转速度慢的原因是接触电阻大。

如果故障表现为所有挡速都慢，应检查电源到雨刮器开关之间的电路，主要检查中间继电器、熔丝和雨刮器开关连接线端子插接是否牢固可靠，电源供电回路是否正常，雨刮器开关中有无接触不良的现象。

如果电源供电回路正常，则应检查雨刮器电动机的搭铁回路是否正常。

3）间歇挡工作不正常

如果雨刮器只是在间歇挡工作不正常，首先应检查间歇继电器的搭铁是否良好。如果搭铁正常，利用欧姆表检查间歇继电器到雨刮器开关之间的电路；如果连接电路也是良好的，则应更换间歇继电器。

4）雨刮器不能复位

造成雨刮器不能复位的原因可能是复位开关故障，也可能是雨刮器开关内接触片变形。最常见的与复位开关有关的故障是当复位开关断开时，刮水片就停在该位置。

2. 洗涤器的故障检修

很多洗涤器的故障都是输液系统而引起的。一般按照以下步骤查找故障。

（1）目测储液罐内的洗涤液储存量。检查熔丝和电路连接是否良好。

（2）打开洗涤器开关，同时观察电动机。如果洗涤泵工作但不喷液，检查洗涤泵是否堵塞，排除泵体内的异物；如果洗涤没有堵塞，则须更换洗涤泵。

（3）如果洗涤泵不运转，则用万用表或试灯检查洗涤器开关闭合时洗涤泵电动机上有无电压。若有电压，用欧姆表检查搭铁回路，若搭铁回路良好，则须更换洗涤泵。

（4）在第（3）步中，如果电动机上没有电压，须沿电路向洗涤器开关查找，检测洗涤器开关工作是否正常。如果洗涤器开关有电压输入，但没有电压输出，则须更换洗涤器开关。

（5）如须更换电动机，先拔下洗涤泵上的线束插接器和输水软管后，按照图4-1-12所示进行洗涤泵和电动机的更换操作。

任务实施

1. 基础知识

图4-2-7中1表示_____符号，2表示_____符号，3表示_____符号，4表示_____符号，5表示_____符号，6表示_____符号。

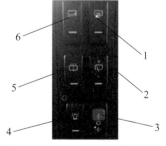

图4-2-7　左面板雨刮器开关

2. 电路分析

（1）本项目任务工单中的电路图为柳工856H装载机雨刮系统控制电路图，请分析它的工作原理并录制视频上传到课程平台。

（2）分析：如果雨刮器电动机不工作，应如何检修？

参考步骤如下。

①检查 10 A 雨刮器熔丝是否熔断。

②检查雨刮器开关是否损坏。

③检查插接件是否松动及线束是否磨损。

④检查雨刮器电动机转子是否短路或断路。

（3）如果喷头不喷水，应如何检修？

参考步骤如下。

①观察洗涤泵是否运转且能否喷水。

②检查水路是否断开（输水软管断开或扎得过紧）。

③检查喷头是否堵塞。

3. 故障检修

对雨刮器动作的故障进行诊断。

检测机型：_____。

（1）故障现象：_____。

（2）制定检测流程：

（3）故障结果分析。

电路检修要点（参考）如下。

①检查雨刮器熔丝是否完好。

检查结果：_____。

②检查雨刮器开关是否正常。

检查结果：_____。

③检查插接件是否松动及线束是否磨损。

检查结果：_____。

④检查雨刮器电动机是否正常。

检查结果：_____。

（4）修复。

检查修复质量：_____。

（5）评估。

本任务的评估以形成性评价为主，评价贯穿于课程的始终。评价表见表 4 - 2 - 1。

表 4 – 2 – 1　评价表

项目	考核标准	分值	思政融入	得分
职业素养、安全文明生产（30 分）	穿工作服（实训服）；小组中有成员不穿工作服，本项目不得分	6	1. 系统思维方法； 2. 爱岗敬业的职业素养； 3. "安全第一"的工作理念	
	召开班前会；未召开班前会，本项目不得分	6		
	经教师确认安全后才可以上电开机，否则本项目不得分	10		
	工后 5 S，每漏整理 1 项扣 2 分	8		
任务 1. 认识装载机雨刮系统的主要零部件组成	能准确跟随教师的示范，认识并操作每个步骤。错漏 1 个动作扣 2 分，直到扣完为止	20	1. 系统思维方法； 2. 爱岗敬业的职业素养、精益求精的工匠精神	
任务 2. 认识装载机雨刮系统的主要零部件的作用及工作原理	能准确跟随教师的示范，认识并操作每个步骤。错漏 1 个动作扣 2 分，直到扣完为止	20		
任务 3. 掌握装载机雨刮系统故障诊断思路	能准确跟随教师的示范，认识并操作每个步骤。错漏 1 个动作扣 2 分，直到扣完为止	20		
优化项目	已经完成得很好，但是对技能掌握感觉不满意，课后利用课余时间进一步练习技能得 10 分；如果不优化，则本项目不得分	10		

项目5　检修仪表与报警系统

学习目标

(1) 掌握相关仪表和传感器的基本结构及工作特点；
(2) 掌握工程机械仪表系统的组成及基本工作原理；
(3) 能正确识读报警系统电路；
(4) 能进行仪表与报警系统各主要电气元件的拆装、检测、调整；
(5) 能完成仪表和传感器常见故障的诊断与排除；
(6) 具有系统思维能力。

任务内容

一台856H装载机在刚起动后仪表盘总响起报警声。请将该故障排除。

● 任务工单

任务名称	装载机仪表与报警系统故障检测与排除	序号		日期	
级别		耗时		班级	
任务要求	在规定的时间内排除装载机起动系统台架上已经设置好的故障				

(1) 一台856H装载机在刚起动后仪表盘总响起报警声。
(2) 试分析原因，说明故障排除方法并写出排故步骤。
①故障原因：

②排故流程：

• 考核评价表

编号	项目	内容	配分	评分标准	扣分	得分
前期检查（5 分）						
1	各项检查	检查电瓶电压、起动电路连接情况	5	未做扣 5 分，每漏 1 项扣 1 分，直到扣完此项配分为止		
装载机仪表与报警系统故障检测与排除（85 分）						
1	故障现象描述	正确描述存在的故障	10	1. 未做扣 10 分 2. 未填写扣 5 分		
2	故障可能原因	正确列出故障可能原因	15	1. 作业表填写不全适当扣分 2. 未填写作业表扣 5 分		
3	电路测量	查阅资料，测量相关电路情况，正确分析测量结果	30	1. 未做扣 30 分 2. 未填写作业表扣 10 分 3. 测量不正确每项扣 5 分 4. 测量不完整视情况扣 3 ~ 5 分		
4	故障部位确认和排除	正确记录故障点，正确排除故障	10	1. 未排除故障扣 10 分 2. 未填写作业表扣 5 分		
5	故障电路及故障机理分析	正确画出故障部位的电路图，正确写出故障机理	15	1. 未做扣 15 分 2. 未填写作业表扣 5 分/项		
6	维修后结果确认	再次验证维修结果	5	1. 未验证扣 5 分 2. 未填写作业表扣 2 分		
清洁及复位（10 分）						
1	维修工位恢复	操作完毕，清洁和整理工具，整理、清洁场地	5	未做扣 5 分，不到位视情况扣 1 ~ 4 分		
2	文明安全作业	1. 工装整洁； 2. 操作完毕，清洁和整理工具及场地。	5	未做扣 5 分，不到位视情况扣 1 ~ 4 分		
	合计		100			
若检测过程出现严重安全及人身事故，则取消重做，只有一次重做机会						

任务5.1　检修仪表系统

学习目标

（1）掌握相关仪表和传感器的基本结构及工作特点；
（2）掌握工程机械仪表系统的组成及基本工作原理；
（3）能够进行仪表系统各主要电气元件的拆装、检测、调整；
（4）能够完成仪表和传感器常见故障的诊断与排除；
（5）具有系统思维能力。

工作任务

某客户的856H装载机发动机在起动运行一段时间后，水温表指示值不变。请帮助该客户排除这一故障。

相关知识

为了使驾驶员随时掌握工程机械的各种工作状况，保证行车安全并及时发现和排除故障，现代工程机械上都安装有多种仪表和报警装置，它们一般集成在仪表板总成或仪表显示器上。监察仪表和报警装置是工程机械和驾驶员进行信息沟通的最重要、最直接的人机界面。

现代工程机械的仪表显示器一般集中了全车的仪表和报警装置，可按工作原理和安装方式进行分类。

按工作原理，仪表可分为机械式仪表、电气式仪表、模拟电路电子仪表和数字化电子仪表。传统仪表一般是指机械式仪表、电气式仪表和模拟电路电子仪表。随着现代工程机械不断向信息化和电子化的方向发展，数字化电子仪表相对于传统仪表具有集成度和精确度高、信息含量大、可靠性好及显示模式多样等优点，逐步取代了传统仪表。

按安装方式，仪表可分为分装式仪表和组合式仪表两种。分装式仪表是各仪表单独安装，这在早期工程机械上比较常见。组合式仪表是将各种仪表在设计时就组合在一起，结构紧凑，便于安装，在现代工程机械上最常用。组合仪表又分为可拆式和整体不可拆式两种。可拆式组合仪表的仪表盘、指示灯等组成部件如果损坏可以单独更换，如图5-1-1所示，而整体不可拆式仪表如果损坏就要更换总成，代价较高，如图5-1-2所示。

图5-1-1　可拆式组合仪表

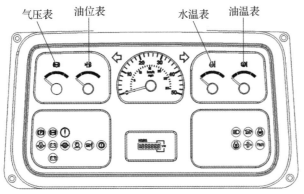

气压表　油位表　水温表　油温表

图 5 – 1 – 2　整体不可拆式组合仪表

5.1.1　电流表

1. 作用

电流表串接在充电电路中，用来指示蓄电池充电或放电的电流值。通常把它做成双向工作方式，表盘的中间刻度为"0"，一边为 + 20（或 + 30）A，另一边为 – 20（或 – 30）A。电流表的正极接发电机的正极，电路表的负极接蓄电池的正极。当电流表的指针指向" + "侧时，表示蓄电池充电；当电流表的指针指向" – "侧时，表示蓄电池放电。

2. 结构及电路连接

电流表按结构分为电磁式和动磁式两种。

1）电磁式电流表

电磁式电流表的结构如图 5 – 1 – 3 所示。电流表内的黄铜片 4（相当于单匝线圈）固定在绝缘地板上，两端与接线柱 1、3 相连，黄铜片 4 的下面装有永久磁铁 6，磁铁内侧的轴 7 上装有带指针的软铁转子 5。

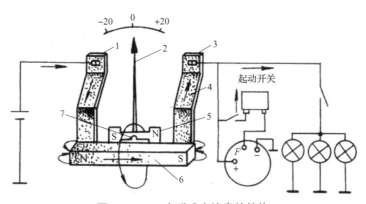

图 5 – 1 – 3　电磁式电流表的结构

1、3—接线柱；2—指针；4—黄铜片；5—软铁转子；6—永久磁铁；7—轴

当没有电流通过电流表时，软铁转子 5 被永久磁铁磁化而相互吸引，使指针停在中间"0"的位置。

当充电电流通过黄铜片 4 时，在黄铜片 4 周围产生磁场（其磁场方向按右手螺旋定则确定），与永久磁场合成一个磁场，在合成磁场的作用下，软铁转子 5 向" + "方向偏转一个角度，即旋转到合成磁场的方向上，充电电流越大，电流表的读数越大；当放电电流经过黄铜片 4

时，则电流表的指针随软铁转子 5 反向偏转，指示蓄电池放电电流的大小。

2）动磁式电流表

动磁式电流表的结构如图 5 - 1 - 4 所示。导电板 2 固定在绝缘底板上，两端与接线柱 1 和 3 相连，中间装有磁轭 6，与导电板 2 装在一起的转轴上装有指针 5 与永磁转子 4，该表与电磁式电流表的区别在于转子是永久磁铁。没有电流流过电流表时永磁转子 4 通过磁轭 6 构成回路，使指针 5 保持在中间 "0" 的位置。当蓄电池处于放电状态时，电流由接线柱 1 经导电板 2 流向接线柱 3，此时导电板 2 周围产生磁场，使安装在转轴上的永磁转子 4 带动指针 5 向 " - " 方向偏转一定角度，放电电流越大，偏转角度越大，电流表的读数越大；当蓄电池处于充电状态时，则指针 5 反向偏转。

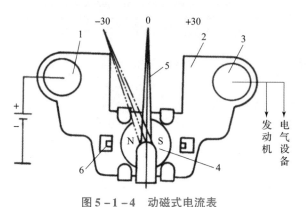

图 5 - 1 - 4　动磁式电流表

1，3—接线柱；2—导电板；4—永磁转子；5—指针；6—磁轭

5.1.2　电压表

1. 作用

目前许多工程机械电源系统中都装有电压表，用来指示电源系统的工作情况，电压表在蓄电池对外供电时指示蓄电池电压，在发电机对外供电时指示发电机电压。电压表并接在电源正、负极之间，且受起动开关控制。

2. 电路连接、组成及工作原理

图 5 - 1 - 5 所示为电磁式电压表。其由 2 只十字交叉布置的电磁线圈、永久磁铁、转子、指针及刻度盘组成。在电路上两线圈与稳压管及限流电阻 R 串联，稳压管的作用是当电源电压达到一定数值后才将电压表电路接通。在电压表未接入电路或电源，电压低于稳压管的击穿电压时，永久磁铁将转子磁化，使指针保持在初始位置。接通电路，电源电压达到稳压管击穿电压后，电磁线圈通过电流 I_1 和 I_2，产生磁场 ϕ_1 和 ϕ_2，将转子磁化，磁场的方向是 ϕ_1 和 ϕ_2 的合成磁场 ϕ 的方向，该合成磁场与永久磁铁磁场相互作用，使转子带动指针偏转。电源电压越高，通过电磁线圈的电流越大，其磁场就越强，因此指针的偏转角就越大。

5.1.3　机油压力表

1. 作用

机油压力表用来指示发动机润滑系统机油压力的高低。机油压力表的电路由机油压力表和机油压力传感器两部分组成，机油压力表安装在组合仪表内，机油压力传感器安装在润滑油主油道上。

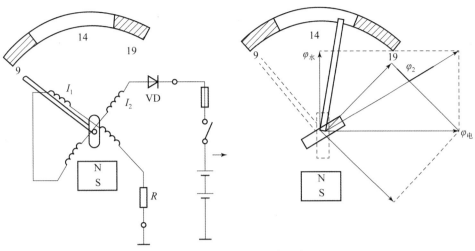

图 5 - 1 - 5　电磁式电压表

2. 组成以及电路连接

（1）如图 5 - 1 - 6 所示，机油压力表内装有双金属片 11，其上绕有加热线圈，线圈两端分别与接线柱 9 和 15 连接，接线柱 9 与机油压力传感器连接，接线柱 15 经起开关与电源相接。双金属片的一端弯成弓形，扣在指针 12 上。

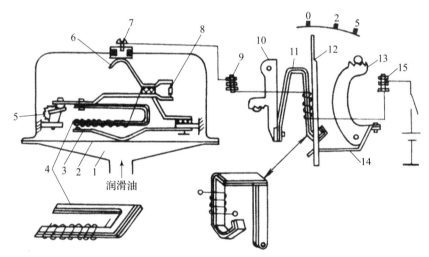

图 5 - 1 - 6　机油压力表的组成

1—油腔；2—金属膜片；3、14—弹簧片；4—传感器双金属片；5—调节齿轮；
6—接触片；7—传感器接线螺钉；8—校正电阻；9、18—指示表接线柱；
10、13—调节齿扇；11—指示表双金属片；12—指针；15—机油压力表接线柱；16—起动开关

（2）机油压力传感器内部装有金属膜片 2，金属膜片下腔与发动机的主油道相通，发动机的机油压力直接作用到金属膜片上，金属膜片 2 的上方压着弹簧片 3，弹簧片 3 的一端与外壳固定并搭铁，另一端焊有触点，双金属片 4 上绕着加热线圈，线圈的一端焊在双金属片 4 的触点上，另一端焊在接触片 6 上。

3. 工作原理

当起动开关闭合时，电流表的电路为：蓄电池正极→起动开关→机油压力表接线柱 15→机

油压力表内双金属片 11 的加热线圈→接线柱 9→传感器接螺钉 7→接触片 6→传感器内双金属片 4 上的加热线圈→触点→弹簧片 3→接铁，回到蓄电池负极。电流通过双金属片 11 和 4 的加热线圈时就会使双金属片受热变形。

如果油压很低，机油压力传感器内的金属膜片 2 变形很小，这时作用在触点上的压力很低。电流通过时，温度略有上升，双金属片 4 稍有变形时，就会使触点分开，切断电路。经过稍许时间后，双金属片 4 冷却伸直，触点又闭合，加热线圈再次通电发热，双金属片 4 变形，很快触点又分开，如此循环，触点在不断的开闭状态下工作。但由于机油压力低，触点压力低，极易分开，因此触点打开时间长，闭合时间短，使电路中的平均电流很小，双金属片 11 受热变形小，指针的偏转角度小，指示低油压。

当油压升高时，金属膜片 2 向上弯曲。这就需要加热线圈通电时间长，双金属片 4 有较大的变形，触点才能打开，而触点分开后，稍一冷却就闭合。因此，在油压升高时，触点打开时间短，闭合时间长，电路中平均电流值大，使双金属片 11 受热变形量增大，指针 12 偏转角度增大，指示高油压。

为了使机油压力表的指示值不受外界温度变化的影响，双金属片 4 做成 "Ⅱ" 形，其上绕有加热线圈的一边称为工作臂，另一边称为补偿臂。当外界温度变化时，工作臂的附加变形被补偿臂的相应变形补偿，使指示值保持不变。在安装机油压力传感器时，必须使机油压力传感器壳上的箭头向上，不应偏出 ±30° 位置，导致工作臂上产生的热气上升，而不致对补偿臂产生影响，造成误差。

机油压力表的正常压力指示范围为 200~400 kPa。发动机低速运转时，机油压力最低不低于 150 kPa；发动机高速运转时，机油压力最高不高于 500 kPa。

5.1.4　水温表

1. 作用

水温表用来指示发动机冷却液工作温度。水温表的工作电路由水温表和水温传感器两部分组成，水温表安装在组合仪表内，水温传感器安装在发动机气缸盖的冷却水套上。

2. 结构及工作原理

目前水温表一般和水温报警灯同时使用。水温表的结构形式有两种：电热式和电磁式。常见的电热式水温表有两种，即电热式水温表与电热式水温传感器匹配、电热式水温表与热敏电阻式水温传感器匹配。

1）电热式水温表与电热式水温传感器匹配

电热式水温表又称为金属片式水温表，电热式水温表可与电热式水温传感器或热敏电阻式水温传感器配套使用。一般电热式水温表与电热式水温传感器匹配的工作电路如图 5-1-7 所示。电热式水温表与双金属片式机油压力表的构造相同，仅表盘刻度值不同。

水温传感器的密封套筒内装有双金属片 2，上面绕有加热线圈，加热线圈的一端通过接触片 3 与接线柱 4 相连，另一端经固定触点 1 搭铁。

水温表的工作原理与机油压力表相似。当电路接通，水温不高时，双金属片 2 主要依靠加热线圈产生变形，故双金属片 2 需经较长时间的加热才能使触点打开。触点打开后，由于四周温度低，散热快，双金属片 2 迅速冷却又使触点闭合，所以水温低时，触点在闭合时间长而断开时间短的状态下工作，使流过水温表加热线圈中的平均电流增大，双金属片 7 变形大，带动指针向右偏转，指示低水温。

当水温高时，双金属片 2 周围温度高，触点的闭合时间短而断开的时间长，流过水温表加热

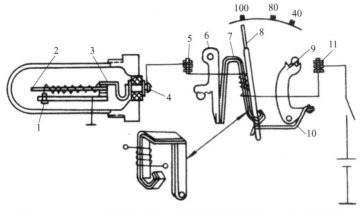

图 5 - 1 - 7　电热式水温表与电热式水温传感器匹配的工作电路
1—触点；2，7—双金属片；3—接触片；4，5，11—接线柱；
6，9—调节齿扇；8—指针；10—弹簧片

线圈的平均电流小，双金属片7变形小，指针向右偏转角小而指示高水温。

2）电热式水温表与热敏电阻式水温传感器匹配

图 5 - 1 - 8 所示为电热式水温表与热敏电阻式水温传感器匹配的工作电路。

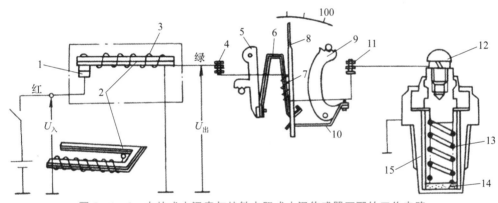

图 5 - 1 - 8　电热式水温表与热敏电阻式水温传感器匹配的工作电路
1—触点；2，6—双金属片；3—加热线圈；4，11，12—接线柱；5，9—调节齿扇；
7—加热线圈；8—指针；10，13—弹簧；14—热敏电阻；15—水温传感器外壳

热敏电阻式水温传感器的主要元件为负温度系数的热敏电阻，即温度升高，电阻减小，温度下降，电阻增大。

闭合起动开关，水温表电路接通。当水温较低时，热敏电阻14阻值大，水温表电路中电流较小，水温表加热线圈7的温度低，双金属片6的变形量较小，指针指示低水温。当水温较高时，热敏电阻14阻值小，水温表电路中电流增大，水温表加热线圈7温度高，双金属片6的变形量较大，指针指示高水温。

电源电压变化将影响与热敏电阻式水温传感器配套使用的电热式水温表的指示值，因此在这种电路中需配有电源稳压器。其作用是在电源电压波动时稳定电源电压，以保证水温表的读数准确。

电源稳压器的工作原理如下。当触点1闭合时，其输出电压与输入电压相等，即等于电源电压，此时，加热线圈3中有电流通过，双金属片6受热变形，使触点1打开；当触点1打开后，电路被切断，电源稳压器的输出电压为0 V，双金属片6因无电流通过而逐渐冷却复原，于是触

点1又重新闭合，如此反复。电源稳压器的输出电压实际上是脉冲电路电压。当电源电压升高时，触点1闭合时流过加热线圈3的电流增大，加速了双金属片6的受热变形，使触点6打开的时间长，闭合的时间短。反之，当电源电压较低时，触点6打开的时间短，闭合的时间长。因此，当电源电压变化时，电源稳压器输出电压的平均值保持不变。

3）电磁式水温表

电磁式水温表的工作电路如图5－1－9（a）所示。电磁式水温表内有两个互成一定角度的铁芯，铁芯上分别绕有磁化线圈，其中磁化线圈 L_2 与水温传感器3串联，磁化线圈 L_1 与水温传感器3并联，两个铁芯的下端有带指针的偏转衔铁，其等效电路如图5－1－9（b）所示。

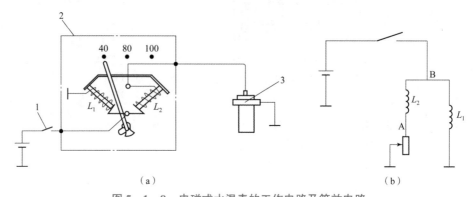

（a）　　　　　　　　　　　　　（b）

图5－1－9　电磁式水温表的工作电路及等效电路

（a）电磁式水温表的工作电路；（b）电磁式水温表的等效电路

1—起动开关；2—水温表；3—水温传感器

电磁式水温表一般与热敏电阻式水温传感器匹配，而且不需要电源稳压器。其工作原理如下。当水温低时，由于热敏电阻式水温传感器的电阻大，因此线圈 L_2 中的电流小，而线圈 L_1 中的电流大，磁场强，吸引衔铁使指针指示低水温；当水温高时，由于热敏电阻式水温传感器的电阻减小，流经线圈 L_2 的电流增大，磁场增强，吸引衔铁逐渐向高温方向偏转，使指针指示高水温。

以上介绍的水温传感器，接线柱只有一个，它和水温表连接。在有些工程机械上，热敏电阻式水温传感器也有两个接线柱，同时控制水温表与水温报警灯电路。在水温传感器中，双金属片控制的常开触点与水温报警灯相连，热敏电阻与水温表相连，如图5－1－10所示。

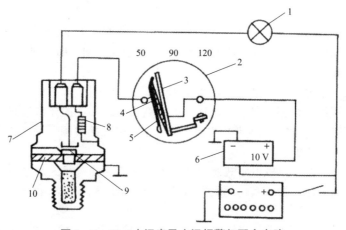

图5－1－10　水温表及水温报警灯配合电路

1—水温报警灯；2—水温表；3—指针；4—加热线圈；5，10—双金属片；

6—电源稳压器；7—水温传感器；8—热敏电阻；9—触点

5.1.5 燃油表

1. 作用与组成

燃油表用来指示工程机械油箱中的存油量，传感器安装在油箱中。燃油表有电磁式和电热式两种，传感器均可使用可变电阻式传感器。

2. 结构与电路连接

1）电磁式燃油表

图 5 - 1 - 11（a）为电磁式燃油表的工作电路。其中燃油表与电磁式水温表相同。其传感器由可变电阻 5、滑片 6 和浮子 7 等组成。当油箱内油位变化时，浮子 7 带动滑片 6 移动，从而改变电阻大小。线圈 1 与可变电阻 5 串联，线圈 2 与可变电阻 5 并联。等效电路如图 5 - 1 - 11（b）所示。其工作原理如下。当油箱中无油时，浮子 7 下沉，可变电阻 5 被滑片 6 短路，右线圈 2 同时被短路，无电流通过。此时，左线圈 1 中的电流达到最大，产生的电磁吸力最强，吸引转子 3 使指针指向"0"的位置。

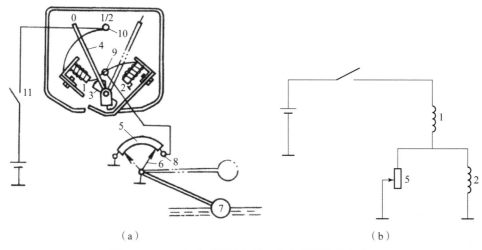

（a）　　　　　　　　　　　　　　　（b）

图 5 - 1 - 11　电磁式燃油表的工作电路及等效电路

（a）电磁式燃油表结构；（b）电磁式燃油表的等效电路

1—左线圈；2—右线圈；3—转子；4—指针；5—可变电阻；6—滑片；7—浮子；

8—传感器接线柱；9，10—燃油表接线柱；11—起动开关

当油箱中的燃油增加时，浮子 7 上浮，带动滑片 6 滑动，可变电阻 5 的阻值变大，使右线圈 2 中的电流增加，而左线圈 1 中的电流减小，在左线圈 1 和右线圈 2 的合成磁场的作用下，转子 3 带动指针向右偏转，指针指向高刻度位置。

当油箱装满油时，右线圈 2 的电磁吸力最大，指针指向"1"的位置，当油箱中的油为半满时，指针指向"1/2"的位置。可变电阻 5 的末端搭铁，可减小滑片 6 与可变电阻 5 接触时产生的火花。

2）电热式燃油表

电热式燃油表又称为双金属片式燃油表，它的传感器与电磁式燃油表相同，其结构如图 5 - 1 - 12 所示。

当油箱中无油时，浮子 7 在最低位置，将可变电阻 5 全部接入电路，加热线圈 2 中的电流最小，因此双金属片 3 没有变形，指针 4 指示"0"的位置；当油箱中的油量增加时，浮子 7 上浮，

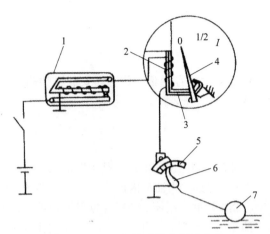

图 5 - 1 - 12 电热式燃油表的结构

1—电源稳压器；2—加热线圈；3—双金属片；4—指针；5—可变电阻；6—滑片；7—浮子

带动滑片 6 移动，可变电阻的阻值减小，加热线圈 2 中的电流增大，双金属片 3 受热变形，带动指针 4 向右移动。

由于经加热线圈中的电流除与可变电阻的阻值有关外，还与电流电压有关，所以该电路中需配电源稳压器。

5.1.6 电源稳压器

由于电源电压的变化会对仪表指示值产生影响，造成仪表指示值误差，所以仪表电路中一般安装有电源稳压器。常用的电源稳压器有双金属片式和集成电路式。因为电热式仪表需要断续的脉冲电流，所以电热式仪表与可变电阻式传感器匹配的电路一般装有双金属片式电源稳压器。

双金属片式电源稳压器的结构如图 5 - 1 - 13 （a）所示，它是由带触点的双金属片元件和电热丝组成的，其原理电路如图 5 - 1 - 13 （b）所示。

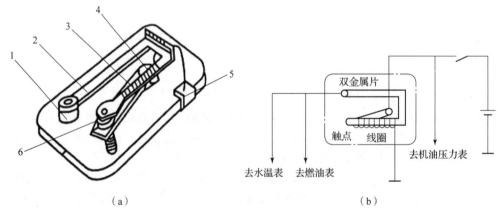

（a）   （b）

图 5 - 1 - 13 电源稳压器的结构及原理电路

（a）电源稳压器的结构；（b）电源稳压器的原理电路

1—输出接线柱；2—双金属片；3—电热丝；4—输入接线柱；5—搭铁接线柱；6—触点

当电源电压偏高时，流过加热线圈中的电流增大，只需要较短的时间双金属片工作臂就上翘，将触点打开，触点打开后必须经较长时间的冷却，双金属片工作臂方能复原，使触点闭合，于是触点在双金属片的作用下，做闭合时间短而打开时间长的不断的开闭工作，将偏高的电源电压适当降低为一定的输出脉冲电压平均值。

当电源电压偏低时，流过加热线圈中的电流减小，双金属片受热慢，变形程度小，使触点闭合时间较长。触点打开后，电流停止流经电热丝时，双金属片元件冷却，而此时触点只需较短的时间冷却即可闭合，于是触点闭合时间长而打开时间短。电源稳压器在触点不断开闭的情况下工作，即使在电源电压波动时，电流也保持在恒定的水平。

集成电路式电源稳压器主要采用集成稳压块，它具有结构简单、成本低、稳压效果好、使用寿命长等优点，故被广泛应用。

5.1.7　工程机械电子组合仪表

工程机械仪表是驾驶员与工程机械进行信息交流的重要接口和界面，对安全作业起着重要作用。常规仪表信息量少、准确率低、体积较大、可靠性较差、视觉特性不好，显示的是传感器检测值的平均值，难以满足工作需求。工程机械电子仪表比通常的机械式仪表更精确，电子仪表刷新速度较快，显示的是即时值，并能一表多用，驾驶员可通过按钮选择仪表显示的内容。部分工程机械电子仪表具有自诊断功能，每当打开电源开关时，电子仪表便进行一次自检，有的仪表采用诊断仪或通过按钮进行自检。自检时，通常整个仪表板发亮，同时各显示器都发亮。自检完成时，所有仪表均显示当前的检测值。如有故障，便以报警灯或故障码提醒驾驶员。电子仪表一般由传感器、信号处理电路和显示装置3个部分组成。电子仪表与传统仪表使用的传感器相同，不同之处在于信号处理电路和显示装置。

电子组合仪表一般分为3个指示区域，即指针区域、指示灯区域和液晶显示屏区域。下面以柳工CLG856H装载机配置的电子组合仪表介绍这3个区域是如何显示的。图5-1-14所示为柳工CLG856H装载机配置的电子组合仪表总成。

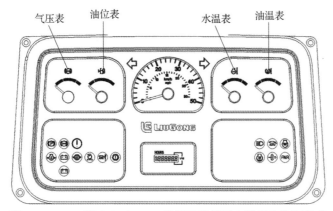

图5-1-14　柳工CLG856H装载机配置的电子组合仪表总成

1. 指针区域

在这一区域包含3个区域，它们对应显示发动机水温情况、变矩器油温情况、燃油油位情况以及气压情况等，见表5-1-1。

表5-1-1　指针区域显示项目及含义

显示项目	指示区域		
	第一区域	第二区域（绿色）	第三区域（红色）
发动机水温表	40 ℃~55 ℃（黄色）	55 ℃~101 ℃	101 ℃~120 ℃

显示项目	指示区域		
	第一区域	第二区域（绿色）	第三区域（红色）
变矩器油温表	40 ℃~60 ℃（黄色）	60 ℃~116 ℃	116 ℃~140 ℃
燃油表	0~0.2（红色）	0.2~1	—
气压表	0~0.4 MPa（红色）	0.4~0.8 MPa	0.8~1.0 MPa

2. 指示灯区域

这一区域主要用于显示工程机械的工况，提醒驾驶员根据实际情况进行相应的处理，如图5-1-15所示。

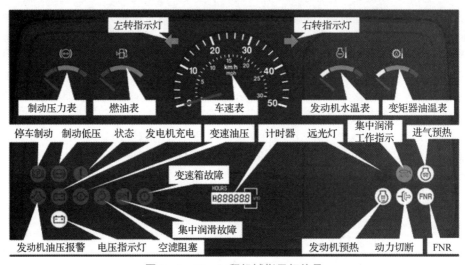

图5-1-15 工程机械指示灯信号

3. 液晶显示屏区域

液晶显示屏可显示车速、系统电压、发动机故障代码、ZF故障代码等内容，如图5-1-16所示。车速、系统电压、发动机故障代码等显示项目可通过方向机柱右侧的屏幕切换开关进行切换。

液晶显示屏显示的符号含义见附录2。

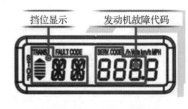

5.1.8 检修仪表系统

1. 仪表使用注意事项

（1）拆装注意事项。

①仪表属于精密仪器，在安装过程中要轻拿轻放，且不能直接用水冲洗仪表及整个电气系统的任何部件。

②拆卸组合仪表时，应先拆下蓄电池负极电缆，以免用手触摸仪表板后面线束时造成电路短路。

③拆卸组合仪表板时，由于固定螺钉是隐蔽的，所以

图5-1-16 工程机械液晶显示屏

要仔细查找固定螺钉，强行拆卸将会损坏组合仪表。

④拆装组合仪表时，应注意组合表仪表板后面的线束插接器及车速里程表软轴接头，其一般带有锁止机构，切忌强拆。

⑤从电路板上拆下仪表表芯、电源稳压器、照明灯及指示灯时，不要损坏印制电路板。

（2）单独更换仪表表芯或仪表传感器时，应注意仪表与传感器必须配套使用。

（3）安装电热式机油压力传感器时有方向要求。

（4）仪表与传感器的接线必须可靠。

（5）电磁式仪表的接线柱有极性之分，不得接错。

（6）电子仪表电源负极线及地线校准线要单独引到电瓶负极手动开关车架端（不能采用就近搭铁的方式接地或与其他电气设备共线引到电瓶负极）。

（7）仪表的所有信号线（开关量及模拟量）的连接线要保证尽量可靠、牢固。在所有传感器的安装过程中要保证传感器外螺纹及搭铁部分与其接触面连接良好，保证传感器的搭铁良好（建议安装表面不要打密封胶）。

（8）所有搭铁线的安装点（与电缆端子接触的表面）在安装电缆前作严格除漆、除氧化层处理，要保证接触表面平整、导通性能良好。

（9）系统搭铁线的安装底座焊接应采用满焊，不得虚焊或夹焊渣。

2. 仪表与传感器检修

1）电流表的检验与调整

（1）电流表的检验。

将被测试电流表与标准直流电流表（–30～30 A）及可变电阻（0～50 Ω）串联在一起，与蓄电池组成回路。逐渐减小可变电阻值，比较两个电流表的读数。若读数差不超过20%，则可认为被测试电流表工作正常。

（2）电流表的调整。

如被测试电流表读数偏大，可用充磁方法进行调整。充磁方法如下。

①永久磁铁法。

用一个磁力较强的永久磁铁的磁极与电流表永久磁铁的异性磁极接触一段时间，以增强其磁性。

②电磁铁法。

用一个"门"字形电磁线圈通以交流电，然后和电流表永久磁铁的异性磁极接触3～4 s，以增强其磁性。

调整时，若读数偏小，可使用同性磁极相斥一段时间，以使其退磁。

2）燃油表的检验与调整

（1）测量传感器和仪表的电阻，看是否符合规定。

若电阻小于规定值，则表示内部短路；若电阻很大，则表示内部断路或接触不良。

（2）检验与调整仪表。

首先将被测试仪表与标准传感器接线（见图5－1－17），然后分别将浮子臂摆到规定位置（如307型为30°和89°）。

这时仪表的指针应相应地指在"0"和"1"的位置，且误差不应超过10%，否则应予以调整。若电磁式仪表的指针不能指到"0"的位置，可上、下移动左线圈的位置进行调整；若不能指到"1"的位置，可上、下移动右线圈的位置进行调整。若双金属片式仪表的指针不能指到"0"或"1"的位置，可通过转动调整齿扇进行调整。

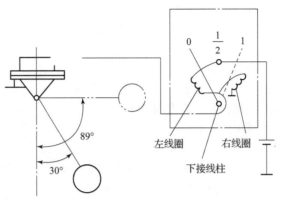

图 5 – 1 – 17　燃油表的检验与调整

（3）传感器的检验与调整。

检验时接线方法仍如图 5 – 1 – 17 所示，但仪表应是标准的。检验方法同上，当指针指到"0"和"1"的位置时，浮子臂若不在规定的位置，可改变滑片与电阻的相互位置进行调整。

3）水温表的检验与调整

（1）指示表与传感器电阻的检验。

指示表与传感器的电阻应符合表 5 – 1 – 2 所示规定。若电阻小于规定值，则表示内部短路；若电阻较大，则表示内部断路或接触不良。

表 5 – 1 – 2　水温表电阻的检验数据

名称	加热线圈		
	材料	直径/mm	电阻/Ω
指示表	双线包康铜线	0.12 ± 0.01	35.5 ± 1
传感器	双线包康铜钱	0.12 ± 0.01	7 ~ 8.5

（2）指示表指针偏斜度的检验与调整。

①检验。

将被测试指示表接在图 5 – 1 – 18 所示电路中。接通开关，调节可变电阻，当毫安（mA）表指示规定值如 80 mA、160 mA、240 mA 时，指示表相应指在 100 ℃、80 ℃、40 ℃ 的位置上。其误差不应超过 20% 。

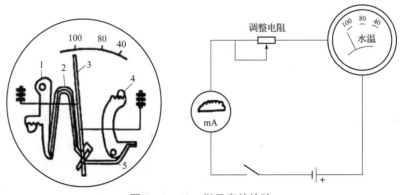

图 5 – 1 – 18　指示表的检验

1—调节齿扇；2—双金属片；3—指针；4—弹簧片

②调整。

指示表指针的偏斜度与规定电流不符时，应予调整。其方法是：若指针在100 ℃位置时不准，可拨动调节齿扇1进行调整；若指针在40 ℃位置时不准，则拨动调节齿扇4进行调整。刻度的中间各点可不必进行调整。

（3）传感器的检验与调整。

检验传感器时，将传感器和水银温度计装在正在加热的水槽中，并与标准的水温表连接，如图5－1－19所示。当水加热到40 ℃~100 ℃时，观察水银温度计和水温表的指示值，若指示值一致或在允许的误差范围内，则说明传感器正常工作，否则应更换。

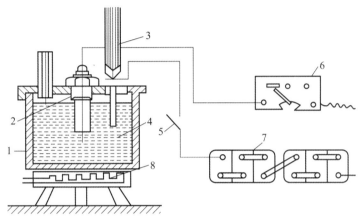

图5－1－19　检验水温表传感器

1—加热槽；2—被测试传感器；3—水银温度计；4—热水；5—开关；

6—标准水温表；7—蓄电池；8—加热电炉

4）机油压力表的检验与调整

（1）指示表与传感器电阻的检验。

测量指示表和传感器的电阻，看是否符合规定。如果电阻小于规定值，则表示内部短路；如果电阻很大，则表示内部断路或接触不良。

（2）传感器（感压盒）的检验与调整。

①检验。

将被测试传感器装在小型手摇油压机上，并与标准机油压力表连接，如图5－1－20所示。按通开关6，摇转手柄，改变机油压力。

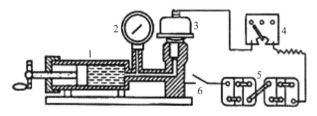

图5－1－20　传感器的检验

1—油压机；2—油压机自身标准油压表；3—被测试传感器；

4—标准机油压力表；5—蓄电池；6—开关

当标准机油压力表4的指示压力与油压机自身标准油压表2的相应指示压力相同，则证明被测试传感器工作正常，否则应予调整。

②调整。

在传感器与机油压力表之间串入电流表，若油压指示"0"压力时，传感器输出电流过大或过小，应打开被测试传感器的调整孔，拨动图 5－1－21 中的调节齿扇 5，进行适当调整。

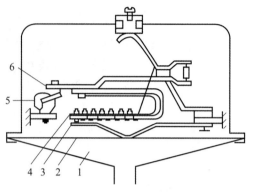

图 5－1－21　传感器的调整

1—油腔；2—膜片；3—弹簧片；4—双金属片；5—调整齿扇；6—接触片

3. 仪表系统常见故障检修

1）仪表不工作

（1）现象。

仪表不工作是指起动开关接通后，在发动机运转过程中指针式仪表的指针不动或数字式仪表没有显示及显示一直不变。

（2）主要原因。

①保险装置及电路断路。

②仪表、传感器及稳压电源有故障。

③仪表的指示或监测系统有故障。

（3）诊断故障方法。

①所有仪表都不工作，通常是由于保险装置、稳压电源有故障，或仪表电源电路、搭铁电路断路。可以先检查保险装置是否正常，然后检查线头有无脱落、松动，与电源相关的电路是否正常，然后再检查搭铁电路是否正常，最后检查、修理稳压电源。

②个别仪表不工作，一般是由于仪表、传感器有故障，或对应控制电路有故障等。

可用试灯模拟传感器进行检查。如果连接传感器的导线通过试灯搭铁后仪表恢复指示，则说明传感器损坏，应予以更换；如果仪表仍没有指示，应检查传感器和仪表之间的电路连接情况。若电路正常，则说明仪表有关显示部分有故障，应予以检修或更换。

也可采用万用表进行检测。可将传感器的接线断开，用万用表检测传感器的接线是否有电。如果有电，则说明传感器损坏，应予以更换；如没有电，应检查传感器到仪表及电源的电路。

2）仪表指示不准确

（1）现象。

仪表指示值不能准确地反映实际值的大小，则称仪表指示不准确。

当发动机正常运转时，冷却水温度应为 80 ℃～95 ℃；机油压力表读数：息速时应不低于0.15 MPa，正常压力应为 0.2～0.4 MPa，最高压力应不超过 0.5 MPa。

（2）主要原因。

仪表、传感器及稳压电源等有故障。

（3）诊断与排除方法。

①多数仪表指示不准确，通常是由于稳压电源有故障或仪表搭铁电路不良等原因，应分别予以检修。

②个别仪表指示不准确，一般是由于仪表或传感器出现故障。此时可参照有关工程机械型号技术规范，用标准的传感器对仪表进行校准检查，或用标准的仪表检校传感器，发现异常时则应用同型号的传感器或仪表予以更换。

任务实施

1. 基础知识

（1）电流表用来指示蓄电池_____或_____的电流大小，并且监视_____是否正常工作。

（2）在现代工程机械上，电流表已被_____所取代。在起动时，电压表指示_____电压，在发电机供电时指示_____电压。

（3）水温表传感器一般采用_____温度系数的热敏电阻，它具有_____的温度特性。

（4）当油箱盛满油时，浮子带动滑片移动到电阻的_____，使电阻_____接入。此时_____的电流最小，而_____的电流最大，指在"_____"的刻度。

（5）有些工程机械上装有_____，这时主、副油箱必须各装一个_____，在_____和_____的中间安装一个_____，可以分别测量_____的_____。

（6）电子组合仪表共分为 3 个指示区域，分别是_____、_____和_____。

2. 故障检修

对仪表不工作的故障进行诊断。

检测机型：_____。

故障现象：_____。

1）制定检测流程

2）检测故障

3）故障结果分析

电路检修要点（参考）如下。

（1）所有仪表都不工作。

检查仪表的熔丝是否完好；检查线头有无脱落、松动，电源线路及搭铁电路是否正常。

检查结果：_____。

（2）个别仪表不工作。

①检查传感器是否正常。

检查结果：_____。

②检查仪表指示是否正常。

检查结果：_____。

③检查仪表电路连接是否正常。

检查结果：_____。

4）检查

检查仪表修复质量：_____。

5）评估

任务 5.2 检修报警系统

学习目标

（1）能够正确识读仪表报警信号；

（2）能够进行报警系统各主要电气元件的拆装、检测、调整；

（3）能够完成报警系统常见故障的诊断与排除；

（4）具有系统思维能力。

工作任务

某客户表示其 856H 装载机在刚起动后机油温度报警灯亮起。请帮助该客户排除故障。

相关知识

仪表板（显示器）除了显示基本的工程机械行驶工况信息外，还对其他工况进行监控并向驾驶员发出指示或警告信息，这些信息通常以指示灯的形式显示在仪表板上或者以文字信息的形式显示在液晶显示屏上，有的还伴随蜂鸣声，以引起驾驶员的注意或重视。

工程机械仪表上的指示灯系统一般由光源、刻有符号图案的透光塑料板和外电路组成。指示灯的光源以前大多采用小白炽灯泡，损坏后可以更换；目前电子仪表上越来越多地采用体积小、亮度高、易于集成的彩色 LED 作为光源，但其损坏后不易更换。工程机械常见仪表指示灯符号见附录 2。

工程机械上根据报警项目的相对重要程度，将报警分为一级报警、二级报警。

一级报警：项目灯闪烁。

二级报警：项目灯闪烁，蜂鸣器响。

分级报警并不意味着在出现低级（一级）报警时就可以视而不见，只要有报警信号就应停车进行检修，排除故障后再继续行车或工作。在挖掘机和装载机报警系统中常用一些开关或传感器接收信号传送给微控制器，由微控制器处理后再发出相应的报警信号来提醒驾驶员。下面讲解报警系统常用的开关或传感器。

5.2.1 报警系统常用开关或传感器

1. 温度传感器

温度传感器由感温材料做成，用来检测冷却液和液压油温度，有正温度系数和负温度系数两种类型。柳工所用的康明斯发动机专用温度传感器属于负温度系数热敏电阻类型，即温度越低，表现出的阻值越大，其外形及参数如图 5-2-1 所示。冷却液温度达到 100 ℃或液压油温度达到 85 ℃时，提示相应的报警信息。若冷却液温度或液压油温度异常，则拔下插接器，用万用表测量传感器电阻，对应温阻特性，可判断温度传感器是否损坏。工况要求如表 5-2-1 所示。

温度/℃	50	60	70	80	85	90	95	100	105	110	115
阻值/Ω	3 509	2 401	1 678	1 195	1 015	865.5	741.2	637.1	549.8	476.3	414

图 5-2-1 柳工所用康明斯发动机专用温度传感器的外形及参数

表 5-2-1 柳工所用康明斯发动机工况要求

保护等级	工作条件	措施	复位条件
一级保护	液压油温度高于 86 ℃ 冷却液温度高于 102 ℃	工作模式：P 模式 发动机转速：保持原转速 泵流量：减小泵电流 显示器：出现报警 报警蜂鸣器：响	液压油温度：低于 82 ℃ 冷却液温度：低于 100 ℃
二级保护	液压油温度高于 88 ℃ 冷却液温度高于 105 ℃	工作模式：P/E/F/L/B/ATT 发动机转速：保持原转速 泵流量：减小泵电流 显示器：出现报警 报警蜂鸣器：响	液压油温度：低于 82 ℃ 冷却液温度：低于 100 ℃
三级保护	液压油温度高于 95 ℃ 冷却液温度高于 108 ℃	工作模式：P/E/F/L/B/ATT 发动机转速：保持原转速 泵流量：1 挡的泵电流 显示器：出现报警 报警蜂鸣器：响	液压油温度：低于 82 ℃ 冷却液温度：低于 100 ℃ 油门旋钮：返回 1 挡位置一次

2. 转速传感器

转速传感器用于检测发动机转速，可在显示器上读数。转速传感器为电磁感应式传感器，此传感器安装在柴油机飞轮壳上，柴油机飞轮切割磁力线产生电动势，输出电流。发动机起动后，发动机转速为 1 000~2 270 r/min 时，用万用表交流挡可以测出转速传感器输出 3~28 V 的交流电压。若电压不在此范围内可判定传感器故障。柳工 922E 挖掘机所用转速传感器的外形如图 5-2-2 所示。

3. 机油压力开关

机油压力开关用于检测发动机机油压力。在常规状态下，机油压力开关触点闭合；当机油压

图 5 - 2 - 2　柳工 922E 挖掘机所用转速传感器的外形

力达到 0.07 MPa 及以上时，触点连接断开，安全过压小于 3.5 MPa。在正常情况下，当发动机起动后，发动机机油压力高于 0.07 MPa，机油压力开关触点应断开。控制器检测机油压力开关的信号，此时若发动机机油压力低于 0.07 MPa，控制器将通过显示器发出报警信息。

　　用万用表欧姆挡或二极管挡测量机油压力开关，当发动机未起动时，触点应接通；发动机起动后，触点应断开；若状态无变化，同时发动机正常，可确认机油压力开关损坏。柳工 922E 挖掘机所用机油压力开关的外形如图 5 - 2 - 3 所示。

图 5 - 2 - 3　柳工 922E 挖掘机所用机油压力开关的外形

4. 机油油位开关

　　机油油位开关用于检测发动机机油油位，当机油油位低时，控制器监控其信号，发出报警信息。它的工作原理见前面所述，如图 5 - 2 - 4 所示。

图 5 - 2 - 4　机油油位开关的工作原理

5. 冷却液液位报警开关

　　冷却液液位报警开关用于检测冷却液液位，当冷却液液位比规定值低时报警。图 5 - 2 - 5 所示为柳工 922E 挖掘机所用冷却液液位报警开关的外形及接线，当浮块距底端 ≤3 mm（冷却液液位低）时，触点闭合，否则断开。

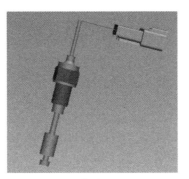

（a）

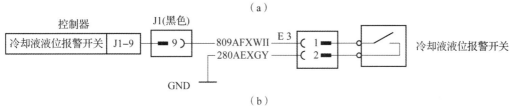

（b）

图 5-2-5　柳工 922E 挖掘机所用冷却液液位报警开关的外形及接线图

（a）外形；（b）接线图

6. 燃油含水传感器

　　燃油含水传感器用于检测燃油中的含水量。燃油中含水越多，燃油含水传感器的电阻越小，并转化为电压信号输出至控制器，同时发出报警信号。图 5-2-6 所示是柳工 922E 挖掘机所用燃油含水传感器的安装位置和接线。

（a）

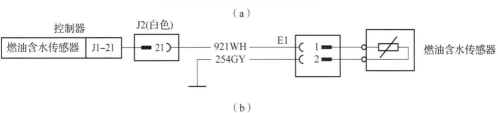

（b）

图 5-2-6　柳工 922E 挖掘机所用燃油含水传感器的安装位置和接线图

（a）安装位置；（b）接线图

检测参数：2.63 kΩ≤两端子电阻≤4.6 MΩ。

超出范围：≥4.6 MΩ。

正常柴油工作范围：75 kΩ～4.6 MΩ。

水中检测范围：2.62～75 kΩ。

低于范围：≤2.62 kΩ。

7. 燃油液位传感器

燃油液位传感器中的浮子随着燃油箱内燃油液位的高低上下移动。浮子影响通过传感器的电阻。在电路连接后，这种电阻随燃油液位变化的特性被转化为电压随燃油液位变化的特性。变化的电压信号进入组合仪表的微控制器中，经过微控制器的运算处理，输出信号驱动步进电动机式仪表进行燃油液位指示。

燃油油位传感器可以检测柴油箱燃油液位，可在显示器上读数。燃油液位传感器实际上是一个滑线电阻，燃油液位上升，其阻值减小。如图5-2-7所示，用万用表欧姆挡应测得相应的阻值，若出现断路、短路或阻值异常时，可判断燃油液位传感器损坏。

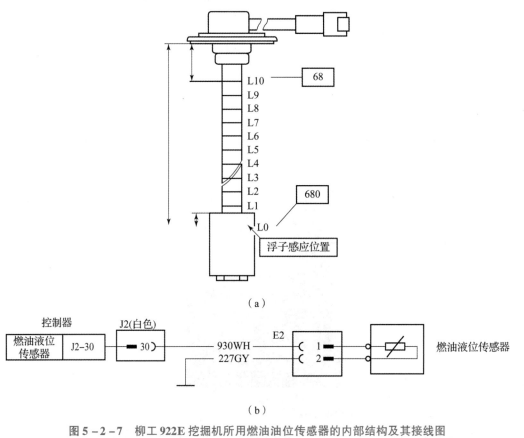

图5-2-7 柳工922E挖掘机所用燃油油位传感器的内部结构及其接线图

（a）内部结构；（b）接线图

8. 先导压力开关

先导压力开关，包括手先导压力开关和脚先导压力开关，分别用于检测手、脚先导管路的压力，它接收自动急速功能逻辑输入信号。手、脚先导压力开关使用同一种压力开关，发动机起动后，打开先导切断阀，此时，当手或脚先导操作杆无动作时，用万用表测量压力开关，触点应接通；当手或脚先导操作杆有动作时，用万用表测量相应的压力开关，触点应打开；若触点状态无变化，而液压系统正常，则可现场判断先导压力开关损坏。当拔掉先导压力开关中的任何一个或两个时，自动怠速功能将无效。图5-2-8所示为先导压力开关在柳工挖掘机922E上的安装位置及接线图。

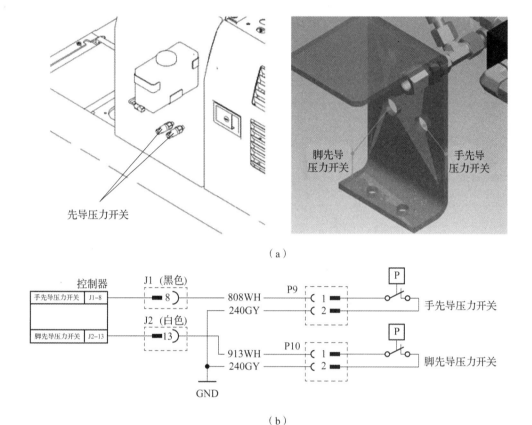

（a）

（b）

图5-2-8　先导压力开关在柳工挖掘机922E上的安装位置及接线图
（a）安装位置；（b）接线图

9. 压力变送器

压力变送器用于检测液压泵的负流量压力和泵比例减压阀压力。图5-2-9所示是柳工922E挖掘机所用压力变送器的外形、在泵上的安装位置、电路接线，这些压力变送器可以检测左泵P1、右泵P2、N1/N2负流量压力值和泵比例减压阀压力，可以显示器上显示压力值。在柳工922E挖掘中，P1/P2压力变送器规格为0~400 bar，输出电流4~20 mA，N1/N2/泵比例减压阀压力变送器规格为0~60 bar，输出电流4~20 mA。

5.2.2　常见报警信号

1. 机油压力指示灯

在工程机械上，除机油压力表外，还配有一个红色指示灯，用来警示机油压力低于安全值的情况。图5-2-10所示为薄膜式机油压力指示灯。当机油压力正常时，机油压力推动薄膜向上拱曲，推杆将触点打开，指示灯不亮；当机油压力过低时，薄膜在弹簧压力的作用下下移，从而触点闭合，红色指示灯亮，以示警告。

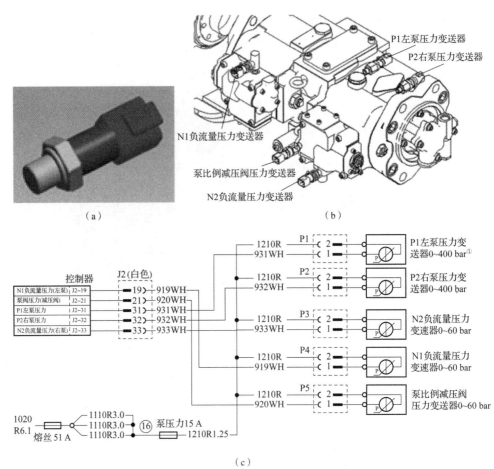

图 5-2-9 柳工 922E 挖掘机所用压力变送器的外形、在泵上的安装位置、接线图

(a) 外形；(b) 在泵上的安装位置；(c) 接线图

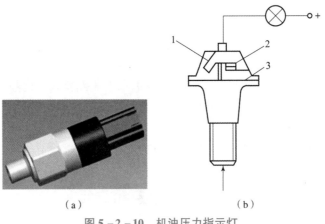

图 5-2-10 机油压力指示灯

(a) 外形；(b) 控制电路

1—弹簧片；2—触点开关；3—薄膜

---

① 1 bar = 10^5 Pa。

2. 充电指示灯

充电指示灯多采用继电器控制。由于充电指示灯功率小，所以可用晶体管作为开关元件。图5-2-11所示为充电指示灯电路。

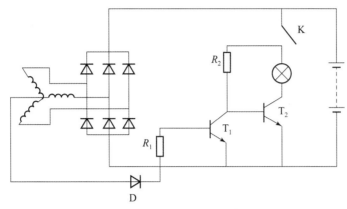

图5-2-11　充电指示灯电路

接通起动开关 K 后，当发动机不发电时，T_1 截止，T_2 导通，充电指示灯亮。当发动机工作正常后，中性点对地产生约 12 V 的直流电压，经 D、R_1 使 T_1 导通，T_2 截止，充电指示灯灭，表示发动机正常。

3. 燃油液位过低指示灯

当燃油箱中燃油液位降到规定值时，燃油液位指示灯亮，以警告驾驶员。常用的燃油液位指示灯如下。

1）热敏电阻式燃油液位过低指示灯

图5-2-12所示为热敏电阻式燃油液位过低指示灯。当燃油箱燃油存量多时，热敏电阻元件完全或大部分浸在燃油中，这使其散热快，导致其温度较低，电阻大，因此电路中电流很小，指示灯不亮。当燃油液位到规定值以下时，热敏电阻元件露出油面，其散热慢，温度升高，电阻减小，电路中电流增大，指示灯亮，以示警告。

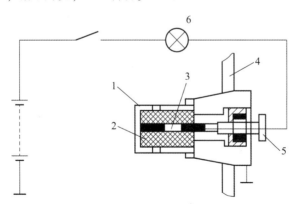

图5-2-12　热敏电阻式燃油液位过低指示灯

1—外壳；2—防爆金属丝网；3—热敏电阻元件；4—油箱外壳；5—接线柱；6—指示灯

2）可控硅式燃油液位过低指示灯

热敏电阻式燃油液位过低指示灯需增加一个传感器，在工作过程中，它一直维持通电流到燃油箱中，安全性低。可控硅式燃油液位过低指示灯与工程机械上已有的燃油表和传感器一起工作，是一种新型的燃油液位过低指示灯，它适用于双金属片式燃油表，如图5-2-13所示。

当燃油表的电压调节器输送一个脉冲时，在传感器的可变电阻上出现一个与燃油液位成比例的电压。燃油液位下降时，脉冲振幅增大，R_1用来调整可控硅的导通脉冲电平，使它与燃油表的任何读数一致。当脉冲振幅达到导通电平时，可控硅导通，发光点闪亮。发光点到可控硅的电路断开，使可控硅截止，以接受来自传感器的第二个脉冲。

当燃油液位下降到电路的触发导通电压时，发光点接通并闪亮，一直到油箱内加进燃油以后，发光点才停止闪光。

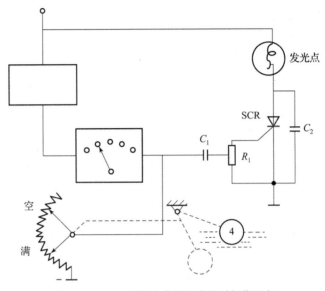

图5-2-13　可控硅式燃油液位过低指示灯

3）电子式燃油液位过低指示灯

图5-2-14所示为电子式燃油低液位过低指示灯电路，它适合与电磁式燃油表一起工作。T_1、T_2形成施密特触发器可变电阻上的直流电压。该直流电压和油箱内的燃油液位成正比。当油箱装满燃油时，传感器电刷处于下端，电阻值增大，T_1基极电位高，使T_1导通，T_2、T_3截止，发光点灯不闪亮。当燃油液位下降到规定值时，传感器电阻减小，可变电阻上的电压达到临界值，T_1截止，T_2、T_3导通，发光点灯导通，发出闪光。

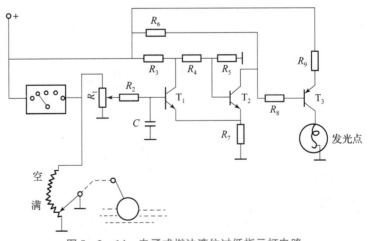

图5-2-14　电子式燃油液位过低指示灯电路

4. 变速油压报警灯

变速油压报警灯用于监测变速操纵阀主压力，当变速操纵阀主压力低于 1.45 MPa 时，变速油压报警灯点亮。变速油压报警灯接线图如图 5-2-15 所示。

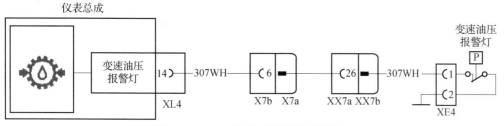

图 5-2-15　变速油压报警灯接线图

5. 气压过低报警灯

气压过低报警灯用于监测储气罐的压力与提供制动低压报警信号，当储气罐压力低于 0.4 MPa 时，气压过低报警灯点亮。图 5-2-16 所示是气压过低报警灯。

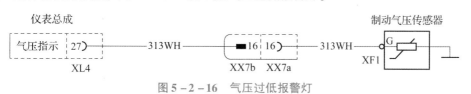

图 5-2-16　气压过低报警灯

6. 动力切断报警灯

图 5-2-17 所示是动力切断报警灯接线图。由图可知，如果动力切断选择开关处于选择切断位置，在行车过程中，当驾驶员踩下制动踏板时，则行车动力切断压力开关动作，这时动力切断报警灯点亮，同时变速箱控制盒控制换挡电磁阀切断动力输出。此功能只在挡位选择器在Ⅰ、Ⅱ挡时有效。

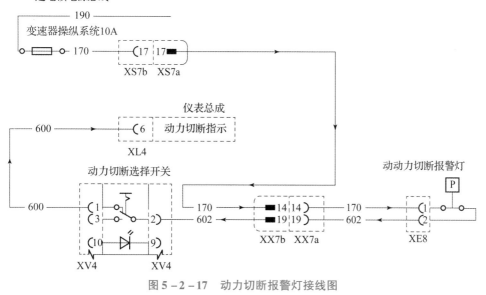

图 5-2-17　动力切断报警灯接线图

7. 停车制动和动力切断报警灯

停车制动和动力切断报警灯用于监测整车的制动与非制动状态。图 5 − 2 − 18 所示是停车制动和动力切断报警灯电路接线图。由图可看出，当手刹拉起时，停车制动开关断开，停车制动和动力切断报警灯点亮，变速箱控制盒控制换挡电磁阀切断动力输出；手刹放下时，停车制动开关闭合，停车制动灯熄灭，停车制动和动力切断报警灯熄灭。

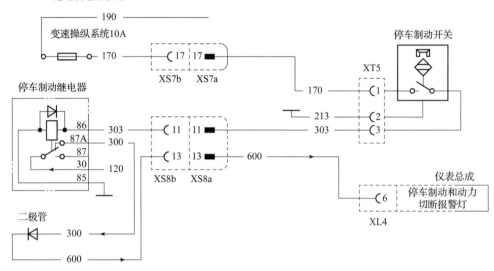

图 5 − 2 − 18　停车制动和动力切断报警灯接线图

5.2.3　检修报警系统电路

当报警系统不工作或工作不正常时，其电路检修可参照仪表系统的检修方法，利用万用表或试灯进行检查。报警系统电路中的传感器大部分为开关模式，也可以通过模拟传感器的开、关两种工作方式来判断故障。

任务实施

1. 基础知识

（1）当燃油箱内燃油量多时，热敏电阻元件浸没在燃油中，_____，其温度_____，电阻_____，电路中几乎_____，警告灯处于_____状态。

（2）舌簧开关常用来作为_____报警开关使用。

（3）双金属片常用来作为_____报警开关使用。

2. 故障检修

对报警灯不亮的故障进行诊断。

检测机型：_____

故障现象：_____

1）制定检测流程

2）检测故障

3）故障结果分析

电路检修要点（参考）如下。

（1）所有报警灯都不工作。

检查仪表的熔丝是否完好；检查线头有无脱落、松动，电源电路及搭铁电路是否正常。

检查结果：_____。

（2）个别报警灯不工作。

①检查传感器是否正常。

检查结果：_____。

②检查报警灯是否正常。

检查结果：_____。

③检查报警灯电路连接是否正常。

检查结果：_____。

4）修复

检查修复质量：_____。

5）评估

项目6　检修辅助电气系统

（1）掌握空调系统的组成及工作原理；

（2）掌握收音机系统的组成及工作原理；

（3）掌握行走报警系统的组成及工作原理；

（4）能对空调系统各主要电气元件进行拆装、检测、调整；

（5）能检测并修复收音机系统故障；

（6）能检测并修复行走报警系统故障；

（7）具有系统思维能力。

任务内容

某挖掘机的空调系统及辅助部件出现故障，但是车主无法找到原因，请检测它的故障点并排除故障。

●任务工单

任务名称	挖掘机空调系统及辅助部件故障检测与排除	序号		日期	
级别		耗时		班级	
任务要求	在规定的时间内完成挖掘机空调系统及辅助部件故障检测和排除				

（1）某挖掘机的空调系统及辅助部件出现故障，但是车主无法找到原因。

（2）试分析故障原因，说明故障排除方法并写出排故步骤。

①故障原因：

②排故流程：

编号	项目	内容	配分	评分标准	扣分	得分
前期检查（5分）						
1	各项检查	检查电瓶电压电路连接情况	5	未做扣5分，每漏1项扣1分，直到扣完此项配分为止		
挖掘机空调系统及辅助部件故障检测与排除（85分）						
1	故障现象描述	正确描述存在的故障	10	1. 未做扣10分 2. 未填写扣5分		
2	故障可能原因	正确列出故障可能原因	15	1. 作业表填写不全适当扣分 2. 未填写作业表扣5分		
3	电路测量	查阅资料，测量相关电路情况，正确分析测量结果	30	1. 未做扣30分 2. 未填写作业表扣10分 3. 测量不正确每项扣5分 4. 测量不完整视情况扣3~5分		
4	故障部位确认和排除	正确记录故障点，正确排除故障	10	1. 未排除故障扣10分 2. 未填写作业表扣5分		
5	故障电路及故障机理分析	正确画出故障部位的电路图，正确写出故障机理	15	1. 未做扣15分 2. 未填写作业表扣5分/项		
6	维修后结果确认	再次验证维修结果	5	1. 未验证扣5分 2. 未填写作业表扣2分		
清洁及复位（10分）						
1	维修工位恢复	操作完毕，清洁和整理工具，整理、清洁场地	5	未做扣5分，不到位视情况扣1~4分		
2	文明安全作业	1. 工装整洁 2. 操作完毕，清洁和整理工具及场地	5	未做扣5分，不到位视情况扣1~4分		
	合计		100			
若检测过程出现严重安全及人身事故，则取消重做，只有一次重做机会						

任务 6.1　检修空调系统

学习目标

（1）能对照实物说出空调系统各零部件的名称；
（2）能对照实物说出冷凝器和压缩机的各部件构造；
（3）能正确识读空调系统中冷凝器和压缩机的型号和铭牌；
（4）能正确吹洗或者更换空调系统中的滤芯；
（5）能正确更换空调系统中的冷凝器总成、储液干燥器总成和空调压缩机总成；
（6）能利用空调系统的工作原理，对工程机械空调系统相应故障现象进行诊断并维修；
（7）具有系统思维能力。

工作任务

某客户反映其挖掘机空调系统不制冷，请帮该客户进行故障诊断与排除。

工程机械
空调系统概述

相关知识

空调即空气调节器，是一种用于处理空间区域（一般为密闭）空气温度变化的机组。它的功能是对一定空间区域内的空气温度、湿度、洁净度和空气流速等参数进行调节，以满足人体舒适或工艺过程的要求。

空调系统温度
调节装置原理

1. 挖掘机空调系统的用途

现代工程机械往往露天作业，超出人体适宜范围的温度、湿度、风速和粉尘不仅不利于驾驶员的身心健康，也会影响工作安全和效率。

（1）切换冷暖挡位，调节作业环境中空气的温度。

空调系统能控制车厢内的气温，既能加热空气，也能冷却空气，以便把车厢内温度控制到人体舒适的水平。

在夏季，人体感到最舒服的温度是 20 ℃~28 ℃。超过 28 ℃，人就会觉得燥热。温度越高，越觉得头昏脑涨，精神不集中，思维迟钝，容易造成工作事故，超过 40 ℃，即有害温度，会对人体健康造成损害。挖掘机常见的作业场所一般为露天，温度一般较高，特别是内燃挖掘机的发动机逸散热量，在我国 6—9 月，大部分地区中午车内温度一般超过 40 ℃，因此，为了保障驾驶员的健康和工作安全，空调系统必不可少。

在冬季，人体感到最舒服的温度是 16 ℃~18 ℃。低于 14 ℃，人就会感到冷。温度越低，越觉得手脚动作僵硬，不能灵活操作机器。当温度降到 0 ℃时，会导致冻伤。另外，由于血液循环，人体面部需求的温度比足部低，即要求"头凉足暖"，温差为 2 ℃~5 ℃。在我国 11—2 月，大部分地区早晚温度一般低于 10 ℃，部分时间区域温度低于 0 ℃。

（2）提供干燥功能，调节作业环境中空气的湿度。

空调系统能够排除空气中的湿气，干燥空气吸收人体的汗液，形成更舒适的环境。

湿度的指标为相对湿度。人觉得最舒适的相对湿度在夏季为 50%~60%，在冬季则为 40%~50%。在这种湿度环境中，人会觉得心情舒畅。

相对湿度过低（干燥），人的皮肤会痒，这是因为皮肤表面和衣服摩擦产生静电；相对湿度过高（潮湿），人会觉得闷，这是由于人体皮肤的水分蒸发不出来，干扰了正常的新陈代谢过程。

（3）控制鼓风机转速，调节作业环境中空气的风量大小。

空调系统可吸入新风，具有通风功能。人在微微流动的空气中比在静止的空气中感觉舒适，有利于提高工作效率，这是因为流动的空气能促进人体散热。但是，风速太大容易引发疾病，例如当驾驶员处于疲劳状态时，人体体温下降，气血虚弱，如果不注意适当保温，容易导致全身肌肉发紧、关节酸痛、精神倦怠，引起风热感冒、肩周炎，产生腹痛、腹泻等症状，中老年驾驶员甚至容易出现高血压、心脏病、脑血管病等诱发病症并危及生命。一般空气流速应在 0.2 m/s 以下为好。

（4）切换内外循环方式，调节作业环境中空气的清洁度。

空调系统可过滤空气，排除空气中的灰尘和花粉。在挖掘机施工过程中，通常会产生大量可能危害人体健康和环境的粉尘和其他无组织排放物，包含各种粒径和材料类型。较大的颗粒物通常被称为"粉尘"，其往往很快从空气中沉降下来，大多会对驾驶员的健康造成危害；较小的被称为 PM10 的颗粒物通常是肉眼看不见的，但是也会对驾驶员造成健康危害。如果在作业时不采取任何防尘措施，粉尘进入人体，可能引起不同的病变，如呼吸性系统疾病、中毒等；长期过量吸入粉尘，很容易导致粉尘在肺部沉积，引发尘肺病。同时，空调系统能将驾驶员呼出的二氧化碳及身体排出的各种异味，通过空调循环系统排除车外。

（5）选择和控制出风口出风的开关和方向。

（6）提供记忆功能，存储上次空调系统使用状态，以便打开空调系统后不用调节就达到上次调好的效果。

综上所述，挖掘机空调系统通过对车厢内空气的温度、湿度、风速和清洁度等进行调节，使驾驶员感到舒适，减轻驾驶员的疲劳感，同时预防或去除挡风玻璃上的雾、霜和冰雪，保证驾驶员的视野，提高行车的安全性。

2. 空调系统的工作原理

冷却和取暖可以简单地解释为从空气中取走热量或对空气加热。冷却意味着通过从车内空气中取走热量来降低温度。取暖则是通过供热使车内空气温度升高，即加热空气。

空调系统的制冷原理如下。当酒精涂在人的皮肤上时人会感到凉快，这是因为酒精从皮肤上吸收了蒸发所需的潜热，同样，夏天在花园里浇水人会感到凉快，这是因为浇在土壤中的水从周围空气中吸收了蒸发所需的潜热。这都是解释空调系统的制冷原理的自然现象。空调系统的工作需要经历 4 个过程的变化。

1）压缩过程

制冷剂在蒸发器中吸收热量后变成低温低压的气态制冷剂，经压缩机吸入压缩后，成为高温高压的气态制冷剂，排入冷凝器。

2）冷凝过程

高温高压的气态制冷剂进入冷凝器后，发动机散热器风扇驱动空气通过冷凝器表面，将制冷剂的热量带走，制冷剂被冷凝为中温高压的液态制冷剂。

3）节流过程

中温高压的液态制冷剂通过储液罐过滤后经膨胀阀节流（制冷剂从膨胀节流阀的毛细孔中喷出，使它突然膨胀），变成低温低压的制冷剂雾进入蒸发器。

4）蒸发过程

经过膨胀阀节流的低温低压的液态制冷剂在蒸发器中汽化，车厢内的空气在

制冷循环回路
工作原理

蒸发器风机的驱动下流过蒸发器表面，制冷剂吸收车厢内空气的热量而使车厢内空气降温，同时析出冷凝水。吸收热量后的制冷剂蒸发成低温低压的气态制冷剂，经压缩机吸入再进行压缩，完成一次制冷循环。压缩机不停地转动，上述制冷过程连续不断地进行循环，车厢内的热量不断地被蒸发器内的制冷剂带走，从而完成整车的降温除湿。图6-1-1所示为空调系统的制冷原理。

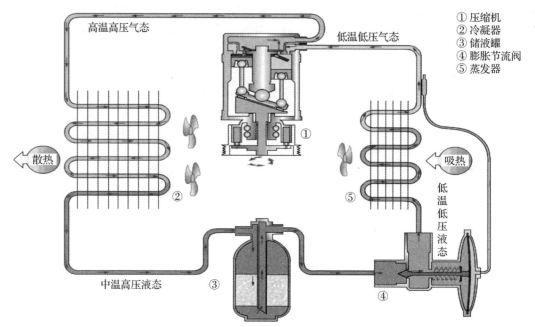

① 压缩机
② 冷凝器
③ 储液罐
④ 膨胀节流阀
⑤ 蒸发器

高温高压气态　　　　　　　　　低温低压气态

散热　　　吸热

中温高压液态　　低温低压液态

图6-1-1　空调系统的制冷原理

3. 空调系统的组成

工程机械内部空间有限，工作环境温度高、振动大。工程机械一起动，就要快速冷却，要求压缩机效率高、体积小、性能可靠，对空调系统的其他部件也有同样要求。因此，工程机械的空调系统必须采取相应的技术措施，以适应上述特点。挖掘机空调系统主要由制冷装置、暖风装置、通风装置、空气净化装置和控制装置等部分组成。

1）制冷剂

制冷剂又称为冷媒或雪种，是空调系统中能反复吸收和释放热量的工作物质。制冷剂在标准大气压下的汽化温度（即蒸发温度）应较低，冷凝压力不宜过高（要容易凝结）；单位容积制冷量要大，汽化潜热大，比容小；无毒，不燃烧、不爆炸，无腐蚀，使用安全；价格低，容易取得。随着大气臭氧层被破坏问题的出现，还要求制冷剂对大气臭氧层无破坏作用、全球变暖潜能值小。

常用的制冷剂有氨、氟利昂等。现阶段一般使用两种制冷剂，一种叫作CFC12（二氯二氟甲烷），也就是所谓的R12；另一种叫作HFC134a（1，1，1，2-四氟乙烷），也就是所谓的R134a。由于R12对环境不友好，所以世界各国基本都停止在工程机械空调系统中使用。国际上原来都用字母"R"及后面的一组数字作为缩写符号来表示制冷剂，如R12，R22等。其中R134a是目前工程机械用制冷的主流。制冷剂也有自然损耗，使用时间一般为2年。加注制冷剂时会用到压力表。蓝色为低压表，红色为高压表，标称单位有 kg/cm^2 和 MPa。低压压力范围为 $1.5 \sim 2.5\ kg/cm^2$，高压压力范围为 $11.5 \sim 13\ kg/cm^2$（环境温度30℃～35℃）。加注制冷剂时一定要注意低压侧只能加注气态制冷剂，高压侧只能加注液态制冷剂。

近年来，为了识别制冷剂中是否含有对大气臭氧层有破坏作用的物质，用制冷剂所含的元素代号加上数字来表示制冷剂，如 CFC-12（R12），HCFC-22（R22）等。2022 年中国北京冬季奥运会所使用的 CO_2 制冰技术得到世界广泛关注。在未来，CO_2 这种最早被采用的天然制冷剂（代号 R744）有可能克服临界温度低、临界压力高、制冷循环热力损失大、容易引起窒息的问题，可充分利用其具有无毒、无味、不可燃、不爆炸、臭氧破坏潜能值 ODP=0、全球变暖潜能值 GWP≈0、价廉、容积制冷能力高、可使制冷部件尺寸紧凑等优点实现推广使用。另外，还有甲烷、乙烷、丙烷等天然碳氢化合物制冷剂，如 R290 丙烷（C_3H_8）（ODP=0，GWP≈0）。

2）润滑油

压缩机中的润滑油通常称为冷冻机油，简称冷冻油，它在压缩机运行中起着重要作用。它是一种深度精制的专用润滑油，需具备一定的性能：与制冷剂互溶、有适当的黏度、有较好的粘温性能、有良好的低温流动性、有良好的化学稳定性和抗氧化安定性、油膜强度高、吸水性小、有良好的电气绝缘性能等。例如：R12、R22 等制冷剂都以矿物油为润滑剂，但矿物油与制冷剂 R134a 不相溶。

4. 制冷装置

制冷装置是对车内或吸进来的新鲜空气进行冷却或除湿的装置，包含冷凝器、储液罐、压缩机、蒸发器、接头和膨胀节流阀等。制冷装置的结构如图 6-1-2 所示。

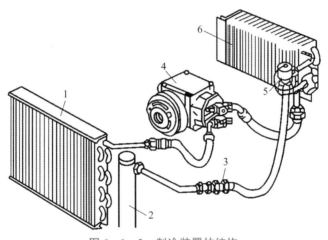

图 6-1-2　制冷装置的结构

1—冷凝器；2—储液罐；3—接头；4—压缩机；5—膨胀节流阀；6—蒸发器

1）热交换器

空调系统中的冷凝器、蒸发器和加热器都是热交换器，它们的作用是实现两种不同温度的流体之间的热交换。热交换器的性能直接影响空调系统的制冷性能。其金属材料消耗大、体积大，质量占整个空调系统总质量的 50%~70%，它所占据的空间直接影响空调系统的有效容积，布置起来很困难，因此使用高效热交换器极为重要。制冷装置中的冷凝器和蒸发器要与压缩机匹配，还应和膨胀节流阀适应。冷凝器和蒸发器的工作状态直接影响到制冷装置的性能（制冷量）、压缩机功耗及整个空调系统的经济性。

冷凝器一般安装在防冻液散热器的前面，增压器、中冷器下方。在冷凝器中，高温高压的气态制冷剂通过管壁和翅片放出热量给周围的空气，从而冷凝成液体，这是放热过程。通过冷凝器的空气则被加热升温，这是吸热过程。在加热器中，热水通过管壁将热量传给车内空气，热水被降温，这是放热过程；车内空气则因吸收热量而升温。冷凝器如图 6-1-3 所示。

图 6-1-3　冷凝器

蒸发器位于整体式鼓风机总成内部，安装在驾驶室内。在蒸发器中，低温低压的液态制冷剂通过管壁和翅片吸收来自车内空气的热量，然后沸腾汽化。管内是制冷剂吸热过程，而管外的空气则被降温减湿，是放热过程。利用鼓风机电动机和风扇以及控制面板上的按键来控制风门，选择风道进而实现对冷暖风和出风口的控制。例如：制冷剂进入蒸发器后，压力降低，制冷剂由高压气体变成低压气体，这一过程要吸收热量，因此蒸发器表面温度很低，再经风扇，就可以将冷风吹出。蒸发器如图 6-1-4 所示。

在使用空调系统时一般选择内循环，这样做的好处如下。①室内温度会很快降下来；②可避免外部灰尘进入，与蒸发器上的凝结水混合而将蒸发器堵死。使用内循环时要注意空调系统内滤芯的清洁。内滤芯一般在驾驶室后方左下角或中间位置。可用清水清洗内滤芯，但清洗后不要暴晒，应在阴凉处晾干。

图 6-1-4　蒸发器

2）储液罐

储液罐又称为储液干燥器，一般位于冷凝器左下方底板处。储液罐包括滤清器和干燥剂，可以在制冷循环中过滤灰尘和水分，在工况变化时储存多余的制冷剂，并且能够保证在微量制冷剂泄漏的情况下，制冷装置仍能够有效工作。更重要的是，储液罐中的分子筛能吸收少量水蒸汽，防止酸的形成，如果水蒸汽较多，它可能腐蚀主要组件，并可能造成膨胀节流阀堵塞住，使制冷剂不能在空调系统中循环。储液罐通常配合膨胀节流阀使用。储液罐如图 6-1-5 所示。

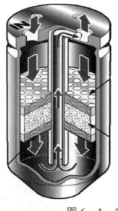

图 6-1-5　储液罐

储液罐的另一作用是初步判断制冷剂充注量是否正常。为观察制冷剂的流动状态，在储液罐上布置有视镜，以判断制冷剂充注量及空调系统运行信息。当发动机转速稳定在 1 200～1 500 r/min 时，可打开空调开关查看视镜内的情况。①清晰、无气泡，说明制冷剂适量。可用交替开、关空调的办法检查制冷剂是否过多或完全漏光。若在开、关空调的瞬间制冷剂起泡沫，接着变澄清，说明制冷剂适量；如果开、关空调后从视镜内看不到动静，而且出风口不冷，压缩机进、出口之间没有温差，说明制冷剂漏光；若出风口不够冷，而且关闭压缩机后制冷剂无气泡，不流动，说明制冷剂过多。②偶尔出现气泡，并且时而伴有膨胀节流阀结霜，说明空调系统中有水分。若无膨胀节流阀结霜现象，可能制冷剂少量缺少或有空气。③有气泡、泡沫不断流过，说明制冷剂不足。如果泡沫很多，则可能有空气。若判断为制冷剂不足，则要查明原因，不要随便补充制冷剂。若使用 2 年后方发现制冷剂不足，可以判断为胶管自然泄漏。④视镜的玻璃上有条纹状的油渍，说明润滑油过多。此时应想办法从空调系统内释放一些润滑油，再加入适量的制冷剂。若视镜玻璃上留下的油渍是黑色的或其他杂物，则说明空调系统内的润滑油变质、污浊，必须清洗空调系统。

3）膨胀节流阀（节流装置）

使车内空气降温的直接元件是蒸发器，即液态制冷剂在蒸发器中吸收了蒸发器管壁传来的热量而蒸发成气体，蒸发器管壁外的空气因为热量被吸走而降温成为低温冷空气。这一过程发生的前提是液态制冷剂必须在低压状态下，而通过冷凝器出来的液体处于高压状态，它必须通过节流元件减压后才能变成低压的容易蒸发的雾状体。节流元件一般有膨胀节流阀、毛细管或节流孔管。

为了充分利用蒸发器的换热面积，最理想的情况是在蒸发器出口处制冷剂刚好全部蒸发完毕，成为临界饱和蒸汽，这样能使蒸发器的换热面积一点也不浪费。但实际上这样是很危险的，因为若不在蒸发器出口至压缩机进口之间采取其他措施，稍有不慎，未蒸发完的液态制冷剂进入压缩机会发生"液击"而损坏压缩机。含有未蒸发完的液态制冷剂的气体称为过饱和气体，所谓"液击"就是这种过饱和气体在压缩机中因压缩升温而成为过热蒸气的过程中，其中所含的液滴迅速蒸发膨胀，使气缸中压力骤增，活塞阻力突然加大，就像受到重击一样。

防止这种现象出现，有两种办法。第一种办法是牺牲一些蒸发器的换热面积，使蒸发器出口的制冷剂有一定的过热度（即保证进入压缩机的气态制冷剂中绝对不含未蒸发完的液滴），但过热度又不能太高，以免过多减少换热量。这需要通过膨胀节流阀来解决这个矛盾。膨胀节流阀能根据出口过热度，自动调节阀门开度，改变制冷剂流量。一般膨胀节流阀的出口过热度可控制在 3 ℃～8 ℃。第二种办法是保持蒸发器的最大换热能力，在蒸发器出口与压缩机进口之间设置气液分离器。在这种方法中，节流元件采用固定阻尼的节流孔管（在空调系统中称为塑料节流管），蒸发器一般则是满液式的，这种系统称为 CCOT 系统。

膨胀节流阀有 F 型、H 型和组合阀罐几种。其作用是当液态制冷剂通过并从孔中喷出时，使它突然膨胀，转变为低温低压的制冷剂雾，此外还可以按照冷却负荷控制供应到蒸发器的制冷剂量。膨胀节流阀安装在蒸发器进、出口处，它将高压液态的制冷剂转换成低压液态的制冷剂，制冷剂吸收热量后迅速降温。如果空调系统内有水蒸气，就会在膨胀节流阀处产生冰堵，导致整个空调系统不通，压力上升。判断是否产生冰堵的方法是用热水浇一下膨胀节流阀，如果压力能够恢复正常，那就是产生了冰堵。膨胀节流阀如图 6 - 1 - 6 所示。

图 6 - 1 - 6　膨胀节流阀

4）压缩机

压缩机是空调系统的"心脏"部件，它使制冷剂可以在空调系统中被反复使用。它由发动机曲轴通过皮带轮和皮带驱动，将制冷剂压缩到高温高压状态。工程机械空调系统的压缩机一般采用开式容积式结构，除部分由辅助发动机直接带动外，大多靠电磁离合器由皮带与发动机相连。大功率压缩机一般都是传统的曲轴连杆结构，又称为立式结构。小功率压缩机以斜板式、旋转式为主要形式，旋转式中以刮片式居多。立式压缩机属传统压缩机，工艺成熟，零件数少，可靠性高。采用铝合金缸体后，压缩机质量也大大减小，但其效率较低，尺寸较大，转速不易提高。

旋转斜板式压缩机的结构和外形如图 6 – 1 – 7 所示。立式压缩机剖视图如图 6 – 1 – 8 所示。

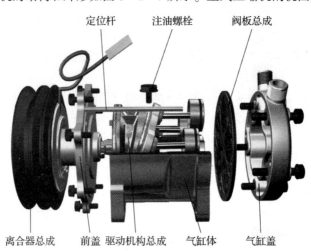

（a）

（b）

图 6 – 1 – 7　旋转斜板式压缩机的结构和外形
（a）结构；（b）外形

斜板式压缩机采用卧式往复活塞式结构，分回转斜盘式（双向活塞）和摇摆斜盘式（单向活塞）两种。通过多缸化、全铝化、改进润滑方式、简化结构等措施，其更加小型、轻量化。但其零件数较多，零件互换性较差，工艺要求较高。

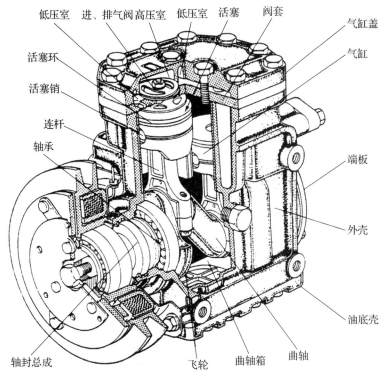

图 6 - 1 - 8　立式压缩机剖视图

旋转式压缩机以结构紧凑、效率高、转速高为主要特点，但工艺要求更高。

近年来以节省能耗为主要目标，出现了许多具有体积小、质量小、效率高、省动力为特点的工程机械用空调压缩机，如涡旋式、三角转子式、贯穿叶片式、螺杆式、辐射式及各种可变容量机型，其中有的已正式投入生产，有的还在进一步探讨之中。

5. 暖风装置

暖风装置用于驾驶室和车厢冬季取暖及风窗除霜、除雾，近年来还用于预热发动机。暖风装置如图 6 - 1 - 9 所示。

暖风机按热量来源可分为余热式和独立式两类。余热式暖风机出现得较早，它利用发动机工作时产生的剩余热量（例如发动机冷却水及排气）采暖，其成本低、经济性好、结构简单、使用比较方便，但产生的热量受发动机工况影响，停车时不能采暖，对于中、大型车辆一般热量不足，也不能满足严寒地区的车辆使用需求。近年来从节能角度出发，出现了利用主发动机冷却水为大型客车取暖的实例，例如德国的 MAN 公共汽车。

余热式暖风机又分为水暖式和气暖式两种。水暖式暖风机利用水冷式发动机冷却水的热量取暖，是中小型暖风装置的主要形式，其使用比较安全，但热量较少。气暖式暖风机利用发动机废气的热量取暖，其热量较大，但使用不安全。近年来国外把热管技术用于暖风机，出现了热管换热器，效果比较好，克服了气暖式暖风机使用不够安全的缺点。

独立式暖风机利用燃料（如汽油、柴油、煤油、丙烷气等）在燃烧器中燃烧所产生的热量，通过介质吸收，然后释放到需要加热的空间，其实质上由燃烧器和热交换器两部分组成。独立式暖风机可分为水加热器、空气加热器、气水综合加热器等几种。

独立式暖风机的优、缺点正好与余热式暖风机相反。可根据需要选择不同规格的暖风机，并可使暖风机在各种运行状态下（包括停车）工作，提高了空调系统效果的舒适性。通过微机控

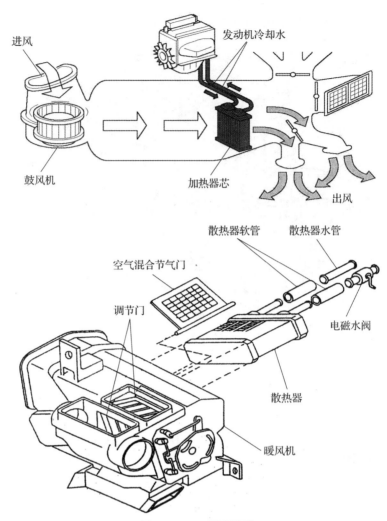

图 6 - 1 - 9　暖风装置

制可使暖风机在需要的时间自动开始工作或遥控暖风机；可对发动机进行预热，解决冷起动问题；可对驾驶室进行预热，提高出车速度；解决了发动机润滑油的预热和保温蓄电池的保温等问题。因此，近 20 多年来，独立式暖风机得到了迅速发展，出现了不少专业［如日本的三国株式会社（MIKUNI）］及系列产品（如德国的 WEBASTO 和 OETF 系列、捷克的 6CON 系列等），我国也有几家生产厂商。独立式暖风机需单独消耗能源，耗电量也大，经济性较差，使用成本和制造成本都高，结构也比较复杂，使维护费用增加。

6. 通风装置和空气净化装置

空气清洁是空气调节的重要内容之一。衡量空气清洁度的指标主要有两个：一是空气中的气溶胶和有害气体是否超过允许浓度，二是空气中的含氧量是否正常。要使空气清洁度达到一定要求，需要借助通风装置与空气净化装置来实现。通风装置还起着调节车内温度的作用。挖掘机的通风装置的主要设备是用鼓风机。鼓风机总成都是集成式的，既可以控制风速，也可以控制出风位置。

工程机械在作业过程中若经常开窗，不仅影响车内温度，而且会带进大量灰尘及传入车外噪声，因此现代工程机械一般关窗作业。车身密封性不良的工程机械，虽然也能带进部分新鲜空气，但由于不能人为地控制进风，加上作业环境恶劣，新风量大部分不符合要求，而且进风部位是随机的，往往带入大量尘土、烟气（发动机废气），污染车内空气。但若车内无新鲜空气的补充，在拥挤的车厢内，空气中CO_2含量大，氧气含量下降，影响乘员身体健康。在春、秋过渡时期，为了防止工程机械前窗结霜，也需要引入新风，因此应该采取一定的通风换气措施。

通风换气措施一般有4种：第一种是开风窗、车门三角窗或天窗（车顶窗）等进行自然通风；第二种是利用车身结构进行自然通风，如在车身内、外壁上开设进、出风口；第三种是利用空调系统的外循环设施，可根据需要开闭新风口，其可与前两种方式结合；第四种是通过装于车顶的换气扇或顶围的抽风机进行强制性通风。

工程机械的作业场所一般烟尘较大，除了通风装置，空气净化装置也非常重要。以静电除尘器为例，它能除去车内存在的灰尘与气味，从而净化空气。静电除尘器的结构如图 6-1-10 所示。

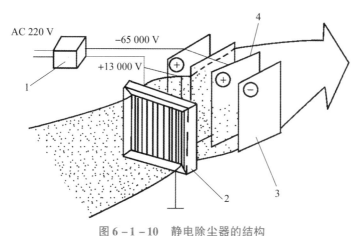

图 6-1-10　静电除尘器的结构

1—整流升压器；2—电离器；3—吸尘负极板；4—吸尘正极板

7. 控制装置

控制装置对制冷装置和暖风装置的温度、压力进行控制，同时对车内空气的温度、风量、流向进行控制，保证空调系统正常工作。挖掘机空调系统控制装置电路如图 6-1-11 所示。

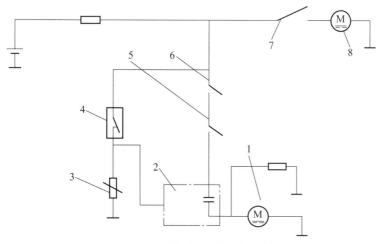

图 6-1-11　挖掘机空调系统控制装置电路

1—压缩机；2—放大器；3—感温电阻；4—温度控制器；

5—低压压力开关；6—高压压力开关；7—调速开关；8—鼓风机

压力开关的用途是在空调系统中循环的制冷剂压力异常时停止压缩机工作。制冷剂压力异常的原因可能是制冷剂渗漏或制冷剂装得过多。压力开关通常安装在储液罐上。压力开关如图 6 - 1 - 12 所示。

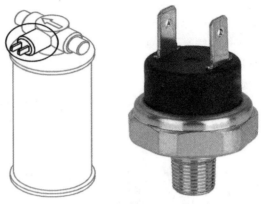

图 6 - 1 - 12　压力开关

8. 电动空调控制面板认知

电动空调又称为半自动空调，其控制面板与空调主机之间的连接部分为电控形式。其执行原理基本与手动空调相同，但控制精度更高，成本也较高。

1）A/C 按键

A/C 按键如图 6 - 1 - 13 所示。

图 6 - 1 - 13　A/C 按键

A/C 按键的作用是开/关压缩机。

（1）风量调节旋钮关闭时，A/C 按键无效，指示灯灭。

（2）风量调节旋钮打开时，A/C 按键有效，按下 A/C 按键一次，开启/关闭制冷功能切换一次，相应指示灯亮或灭。

（3）A/C 按键的指示灯为制冷模式的工作指示，与当前压缩机是否被吸合无关。

（4）A/C 按键要求具有记忆功能，当风量调节旋钮再次开启后，A/C 按键应能保持关机前的状态。

2）内/外循环按键

内/外循环按键如图 6 - 1 - 14 所示。

 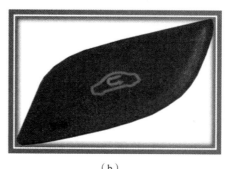

（a）　　　　　　　　　　　　（b）

图 6 – 1 – 14　内/外循环按键

（a）外循环按键；（b）内循环按键

内/外循环按键的作用是切换内/外循环状态。

（1）风量调节旋钮关闭时，内/外循环按键仍然有效。

（2）当空调系统处于内循环状态时，内循环工作指示灯点亮。

（3）当空调系统处于外循环状态时，外循环工作指示灯点亮。

3）温度调节旋钮

温度调节旋钮如图 6 – 1 – 15 所示。

图 6 – 1 – 15　温度调节旋钮

温度调节旋钮的作用是控制车内温度。

（1）温度调节旋钮外侧有指示符，红蓝色条代表加热或制冷的趋势，顺时针旋转表示暖趋势，逆时针旋转表示冷趋势，温度调节旋钮共 29 个挡位，温度线性分配。逆时针旋到底，混合风门打至全冷位置；顺时针旋到底，混合风门打至全热位置。

（2）当风量调节旋钮关闭时，温度调节旋钮仍然有效。

4）风量调节旋钮

风量调节旋钮如图 6 – 1 – 16 所示。

风量调节旋钮的作用是减小风量或增加风量。

（1）风量调节旋钮共 7 挡，即"OFF""1""2""3""4""5""6""7"。风量调节旋钮每操作一次，风量逐级增一挡（顺时针旋转）或减一挡（逆时针旋转）。

（2）当风量调节旋钮由"OFF"挡调节至非"OFF"挡时，空调系统开机。

（3）风量调节旋钮为"OFF"挡时，空调系统进入关机状态，强制进入外循环状态，模式、温度状态不变。此时，操作内/外循环按键、模式按键、温度旋钮仍然有效，但是操作 A/C 按键无效。

9. 空调系统维护

1）空调滤清器的清洁

挖掘机空调系统运行时，空气中 80% 的微小粉尘和细菌会穿过过滤网进入空调系统内部与冷凝水黏合后堵塞在蒸发器上，影响空调系统的制冷与散热。蒸发箱和通风管道的潮湿环境和表面的灰尘为霉菌和真菌的滋生提供了温床，产生腐烂性异味，这些异味会随着空调系统的打开污染整个工程机械

图 6 - 1 - 16　风量调节旋钮

内部，被吸到人体内，会导致"车辆空调病"。因此，经常要对空调系统进行清洁维护。

（1）拆除进气格栅。为了操作简便，首先拆除进气格栅，然后用高压风枪吹净冷凝器表面后再用高压水冲洗。如果直接用高压水冲洗会使灰尘、毛絮等脏物附在冷凝器的肋壁中无法彻底清洁。

（2）更换空调滤清器或花粉滤清器。大部分挖掘机都装有空调风道过滤装置，清洗挖掘机空调系统时应主动检查空调滤清器。

（3）清洗空调风道。使用专用风道清洗剂从空调出风口喷入可以起到抑菌作用。在开启空调系统时向发动机舱的鼓风机进气口喷入清洗剂，以达到除味的效果。

（4）测量空调出风口温度。不同型号工程机械的空调系统制冷效果不同，一般以出风口温度在 8 ℃ ~ 10 ℃ 范围内为正常。

2）压缩机的皮带张力检查

每 500 h 需要检查压缩机皮带，正在正确的皮带张力下，可以压下皮带大约（110 + 10）mm。如果压缩机皮带张力不合格，可以通过调节螺母调节压缩机的皮带张力。

10. 空调系统通风口的清洗

1）泡沫清洗

传统清洗方式是泡沫清洗，即使泡沫由进风口喷入，由出风口排出。泡沫清洗价格低，但是存在泡沫从出风口排出，造成室内二次污染；清洗不彻底，残留物多，滋生的菌群依然存在；异味不能彻底清除等问题。

2）雾化清洗

现在的雾化清洗是指使雾化的消毒液、清洗剂从进风口喷出，使污水从排水口排出。因为污水从排水口排出，所以不会对车内造成污染。雾化清洗可彻底清除异味，但是价格较高，在我国挖掘机上很少使用。

11. 部件故障判定标准

1）压缩机故障判定方法

对于压缩机故障一般采用外观检测法（用手拨动离合器吸盘，吸盘应能转动，无卡顿感）电气检测法（测量压缩机线圈电阻是否满足 14 Ω）和压差检测法（接上压力表后启动空调，观察压力表，高压压力应为 1.4 ~ 1.6 MPa，低压压力应为 0.15 ~ 0.25 MPa）。常见的故障及排除方法见表 6 - 1 - 1。

表 6-1-1　常见的故障及排除方法

故障现象	可能的原因	排除方法与对策
无法启动	1. 熔丝烧断	用电气检测法检修
	2. 启动电器故障	
	3. 启动按钮接触不良	
	4. 电压过低	
	5. 主电动机故障	
	6. 主机故障（局部发烫，有异常声）	
	7. 电源缺相	
	8. 风扇电动机过载	
运行电流大，压缩机自动停机（主电动机过热报警）	1. 电压太低	用电气检测法检修
	2. 排气压力过高	用压差检测法检查/调整压力参数
	3. 油气分离气芯堵塞	更换新部件
	4. 主机故障	拆检机体
	5. 电路故障	用电气检测法检修
油温低于正常要求	1. 温控阀失效	用电气检测法检修或更换新部件
	2. 空载过久	加大空气能耗或停机
	3. 排气温度传感器失效	检修或更换
	4. 进气口失效，出气口未全打开	清洗或更换
排气温度过高，压缩机自动停机（排气温度过高报警）	1. 润滑油量不足	检查添加润滑油
	2. 润滑油规格或型号不对	按要求更换新润滑油
	3. 油过滤器堵塞	检查更换新部件
	4. 油冷却器堵塞	检查清洗或更换
	5. 温度传感器故障	更换新部件
	6. 温控阀失效	检查清洗或更换
	7. 风扇及润滑油冷却器集尘过多	拆下清洗或吹尘
	8. 风扇电动机未转动	电气检测法检修

2）冷凝器的检测与清洁

（1）冷凝器外风扇的检测。

冷凝器外风扇如图 6-1-17 所示。

如果风扇不转，检测风扇接头是否有 24 V 电压，如果有说明风扇损坏；如果没有则检查供电端。

图 6 - 1 - 17　冷凝器外风扇

（2）冷凝器的清洁。

冷凝器如图 6 - 1 - 18 所示。

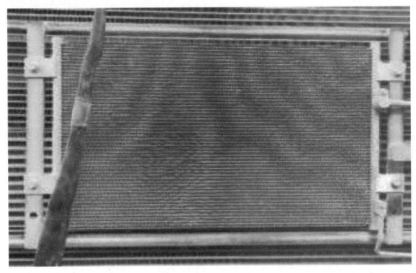

图 6 - 1 - 18　冷凝器

定期用高压空气清理冷凝器表面异物，杂物特别多的，建议每周清洁一次。如果发现管道附近有大量油脂，可以用肥皂泡检查是否有制冷剂泄漏。

3）调速电阻的检测（骑马铝壳式）

调速电阻（骑马铝壳式）如图 6 - 1 - 19 所示。

（1）找到蒸发器总成在整机上的安装位置，并分辨出蒸发器鼓风机接插件。

（2）启动空调系统，调至 3 挡风速挡位，使用万用表测量调速电阻 "MAX" 引脚电压，如图 6 - 1 - 20 所示。

若读数在电压 20 ~ 28 V 范围内，但蒸发器鼓风机不运转，说明蒸发器鼓风机电动机部分异常；若读数在电压 20 ~ 28 V 范围内，且蒸发器鼓风机在某个风速挡异常，说明调速电阻异常。

（3）将万用表调至电阻挡（200 Ω 挡），测量调速电阻端子 "MAX" "3 +" "2 +"，如图 6 - 1 - 21 所示。

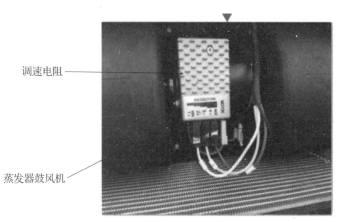

图 6-1-19 调速电阻（骑马铝壳式）

图 6-1-20 调速电阻引脚电压检测

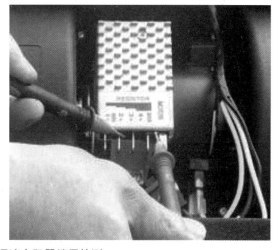

图 6-1-21 调速电阻器端子检测

测量"MAX""3+"端子电阻，标准值为 0.8 Ω；测量"MAX""2+"端子电阻，标准值为 1.6 Ω。

4）调速电阻的检测（方形陶瓷式）

调速电阻（方形陶瓷式）如图 6 – 1 – 22 所示。

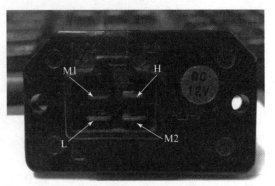

图 6 – 1 – 22　调速电阻（方形陶瓷式）

测量"M1""M2"端子电阻，标准值为 0.85 Ω；测量"M2""H"端子电阻，标准值为 0.35 Ω。

5）压力开关的检测

压力开关如图 6 – 1 – 23 所示。

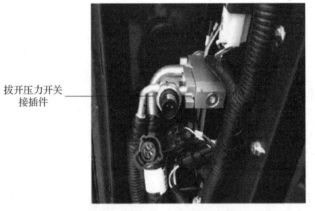

拔开压力开关接插件

图 6 – 1 – 23　压力开关

（1）找到蒸发器总成在整机上的安装位置，并分辨出压力开关，如图 6 – 1 – 24 所示。

图 6 – 1 – 24　压力开关的检测

（2）关闭空调系统，连接压力表，高压表读数应为 0.2 ~ 3.1 MPa。

（3）使用万用表检测，如果通路，说明压力开关正常；如果断路，说明压力开关异常。

6）温度传感器的检测

温度传感器的检测如图 6 - 1 - 25 所示。

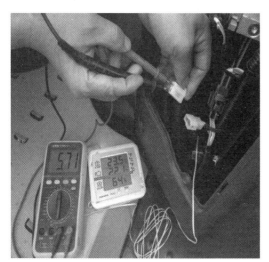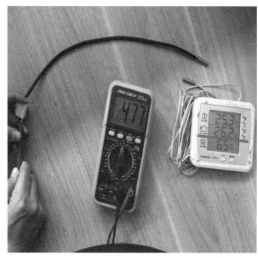

图 6 - 1 - 25 温度传感器的检测

（1）将万用表调至 20 kΩ 挡测量，观察万用表显示的读数。

（2）在待测温度传感器旁边放置温度计（两者的感温探头尽量靠近），用于测量温度传感器环境温度。若有条件，可以把两者的感温探头同时放置于冰水混合物中测量阻值。

（3）根据上述步骤测量出的温度传感器的阻值和温度计显示的温度，与 $R - T$ 特性表对照。

备注：$R - T$ 特性表的数值是实验室中测量出的数值；在实际售后维修过程中，温度计不准确、温度计与温度传感器的感温探头位置的差异，都会产生误差，故实测值允许公差为 ±2 ℃。

7）空调控制面板的检测

空调控制面板如图 6 - 1 - 26 所示。

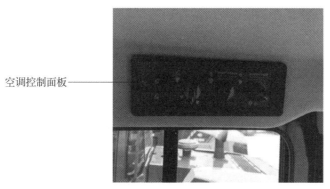

空调控制面板————

图 6 - 1 - 26 空调控制面板

（1）检测驾驶室上方位置的空调控制面板的外观及其上的按键是否有损坏。

（2）可从左到右或从右到左，依次按下按键或拨动旋钮（图 6 - 1 - 27），观察是否有动作输出。例如：按下外循环按键，观察外循环指示灯是否亮，风门电动机是否转动。

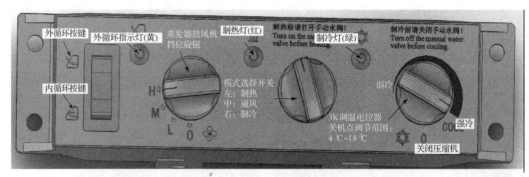

图 6 – 1 – 27 按键与旋钮

空调控制面板电路如图 6 – 1 – 28 所示。

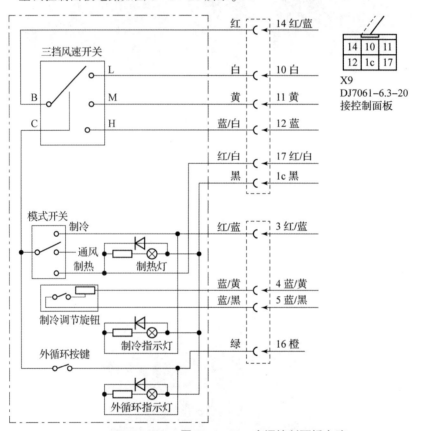

图 6 – 1 – 28 空调控制面板电路

（3）根据第（2）步骤检测出的现象，检查各端子是否可以可靠地接通或断开，用万用表对照图 6 – 1 – 29 测量各按键的导通情况以及电位器的阻值，如图 6 – 1 – 30 所示。

8）暖风电磁水阀的检测

关闭制热模式，拔开电磁水阀总成接插件，将万用表调至电阻挡，测量电磁水阀线圈阻值，范围为 35 ~ 50 Ω；启动制热模式，测量电磁水阀总成接插件的电压，范围为 20 ~ 28 V（图 6 – 1 – 31）。

空调控制面板

4	地
15	新风门电动机控制信号(+)
11	电磁阀控制信号(+)
18	压缩机控制信号(+)
13	风机低挡控制信号(+)
14	风机中挡控制信号(+)
16	风机高挡控制信号(+)
1	电源(+24 V)
10	除霜传感器一端+
7	除霜传感器一端-
12	回风传感器一端+
9	回风传感器一端-
6	压力(接地正常，悬空不正常)
8	压力(接地正常，悬空不正常)
5	起动信号

空调控制面板
接口定义

18		16	15	14		13	12	11		10
9	8	7	6	5	4					1

线脚	定义
1	电源正极
2	
3	
4	电源负极
5	发动机起动信号
6	压力开关
7	防结霜传感器-
8	压力开关
9	回风传感器-
10	防结霜传感器+
11	电磁水阀
12	回风传感器+
13	风速低(+)
14	风速中(+)
15	风门电动机控制信号
16	风速高(+)
17	
18	压缩机离合器

图 6-1-29 空调控制面板各端子接线示意

图 6-1-30 用万用表检测各端子

电磁水阀总成
接插件

图 6-1-31 暖风电磁水阀检测

项目6 检修辅助电气系统 ■ 193

12. 电气故障诊断与排除

1）压缩机不吸合

（1）检查压缩机电气插头是否有 24 V 电压，如有则更换压缩机；如无则进入下个步骤。

（2）检查压缩机 10 A 熔丝，如烧坏则更换熔丝，如正常则进入下个步骤。

（3）检查压缩机继电器（X9）是否烧坏，如烧坏则更换继电器，如正常则进入下个步骤。

（4）制冷剂高压为 1.4～1.6 MPa 时，检查压力开关的通断，如断开则更换压力开关，如正常则进入下个步骤。

（5）测量温控器 7 号线是否有 24 V 电压，5C 号地线是否接通，如正常则进入下个步骤，如不正常进入步骤（7）。

（6）测量温度传感器电阻是否正常，13 和 14 号线是否有电压，如不正常则更换温度传感器，如正常则进入下个步骤。

（7）检查空调控制面板调节电位器电阻是否正常[（3.4±0.02）Ω]，如正常更换温控器，如不正常则更换空调控制面板。

（8）检查空调控制面板模式开关和三挡风速开关是否正常，如不正常则更换空调控制面板，如正常则检查整机 30 A 熔丝是否烧坏，如烧坏则更换熔丝，如正常则检查整机线束供电。

2）冷凝器鼓风机不转

（1）检查冷凝器鼓风机电气插头是否有 24 V 电压，如有则更换冷凝器鼓风机，如正常进入下个步骤。

（2）检查冷凝器鼓风机 25 A 熔丝通断，如烧坏则更换熔丝，如正常进入下个步骤。

（3）检查冷凝器鼓风机继电器（X10）是否烧坏，如烧坏则更换继电器，如正常进入下个步骤。

（4）制冷剂高压为 1.4～1.6 MPa 时，检查压力开关通断，如断开则更换压力开关，如正常则进入下个步骤。

（5）测量温控器 7 号线是否有 24 V 电压，5C 号地线是否接通，如正常则进入下个步骤，如不正常进入步骤（7）。

（6）测量温度传感器电阻是否正常，13 和 14 号线是否有电压，如不正常则更换温度传感器，如正常则进入下个步骤。

（7）检查空调控制面板调节电位器电阻是否正常[（3.4±0.02）Ω]，如正常则更换温控器，如不正常则更换空调控制面板。

（8）检查空调控制面板模式开关和三挡风速开关是否正常，如不正常则更换空调控制面板，如正常则进入下个步骤。

（9）检查整机 30 A 熔丝是否烧坏，如烧坏则更换熔丝，如正常则检查整机线束供电。

3）蒸发器鼓风机不转

（1）检查蒸发器鼓风机电气插头是否有 24 V 电压，如有则更换蒸发器鼓风机，如无则进入下一步骤。

（2）检测高挡风继电器（X15）是否烧坏，如烧坏则更换继电器，如正常则进入下一步骤。

（3）检查调速电阻阻值是否正常（低挡 1.6 Ω，中挡 0.8 Ω），如不正常则更换调速电阻，如正常则进入下一步骤。

（4）检查空调控制面板的三挡风速开关是否正常，如不正常则更换空调控制面板，如正常则进入下一步骤。

（5）检查整机 30 A 熔丝是否烧坏，如烧坏则更换熔丝，如正常则检查整机线束供电。

13. 制冷装置故障诊断与排除

1）制冷剂太多或太少

故障诊断与排除流程如图 6 - 1 - 32 所示。

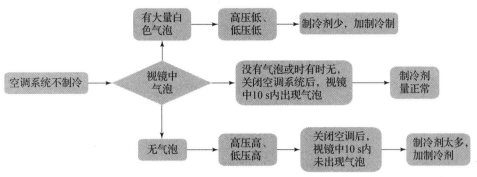

图 6 - 1 - 32　故障诊断与排除流程

2）蒸发器结霜

蒸发器结霜与正常情况的对比见表 6 - 1 - 2。

表 6 - 1 - 2　蒸发器结霜与正常情况的对比

蒸发器情况	压缩机出口温度	冷凝器出口温度	压缩机入口温度	压缩机吸气压力	压缩机排气压力
正常情况	中 （如 70 ℃）	中 （如 50 ℃）	中 （如 10 ℃）	中 （如 0.14 MPa）	中 （如 1.3 MPa）
蒸发器结霜	降低 （如 55 ℃）	降低 （如 40 ℃）	降低 （如 -3 ℃~2 ℃）	降低 （如 0.03 MPa）	降低 （如 0.8 MPa）

（1）故障现象。

在不太热的天气、在高湿的环境下，连续 1~3 h 使用空调，感觉到鼓风机的风越来越小，出风口变得不够冷，看到从空调系统流出的水很少甚至不流水；停机一段时间，从空调系统流出的水比平时多，且再次打开空调系统后，发现空调系统恢复正常。

（2）解决方法。

①将温度传感器往靠近膨胀节流阀的方向挪 10 cm 左右。

②将制冷调节旋钮调到 3/4 位置或 1/2 位置。

③关闭制冷，开大风吹 10~15 min，等霜化了再开空调。

3）冷凝器外表脏

故障诊断与排除流程如图 6 - 1 - 33 所示。冷凝器外表脏堵与正常情况的对比见表 6 - 1 - 3。

图 6 - 1 - 33　故障诊断与排除流程

表 6-1-3　冷凝器外表脏堵与正常情况的对比

冷凝器情况	压缩机排气口温度	冷凝器出口温度	压缩机吸气口温度	压缩机吸气压力	压缩机排气压力
正常情况	中（如 70 ℃）	中（如 50 ℃）	中（如 10 ℃）	中（如 0.14 MPa）	中（如 1.3 MPa）
冷凝器外表脏堵	升高（如 90 ℃）	升高（如 60 ℃）	略升高（如 12 ℃）	略升高（如 0.16 MPa）	升高（如 1.9 MPa）

（1）故障现象。

①膨胀节流阀冰堵的最显著特点是时而冷时而不冷（几分钟），冷的时候各方面正常，不冷的时候吸气压力很低，吸气管不冷。

②膨胀节流阀开度大的最显著特点是压缩机中后部外壳是凉或冷的，甚至有水，吸气压力很高。

（2）解决方法。

放掉制冷剂，重新抽真空加制冷剂，更换储液罐，不要直接更换膨胀节流阀。

14. 制热装置故障诊断与排除

空调系统不制热或制热效果不好的故障诊断与排除流程如图 6-1-34 所示。相关部件如图 6-1-35 所示。

图 6-1-34　空调系统不制热或制热效果不好的故障诊断与排除流程

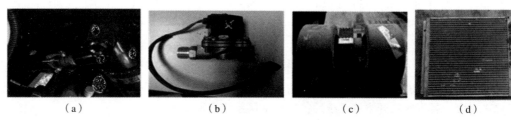

（a）　　　　　　　（b）　　　　　　　（c）　　　　　　　（d）

图 6-1-35　相关部件

（a）手动水阀；（b）电磁水阀；（c）蒸发器鼓风机；（d）暖风机芯体

项目实施

（1）识别空调系统制冷装置各部件。

图 6-1-36 所示是空调系统制冷装置的结构，请标示出每个部件的名称。

（2）在实训室中找出空调系统部件，并说出相应的类型和结构特点。

①压缩机。

类型：_____。

结构特点：_____。

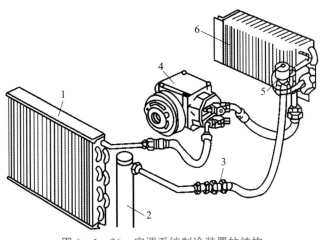

图 6 – 1 – 36　空调系统制冷装置的结构

1—_____；2—_____；3—_____；
4—_____；5—_____；6—_____。

②冷凝器。

类型：_____

结构特点：_____

③蒸发器。

类型：_____

结构特点：_____

④储液罐。

类型：_____

结构特点：_____

（3）检修空调滤清器。

①清洗空调滤清器。

使用工具：_____

清洗方法：_____

清洗注意事项：_____

清洗总结：_____

②更换空调滤清器。

空调滤清器规格：_____

空调滤清器更换注意事项：_____

实践总结：_____

（4）回收空调制冷剂。

空调制冷剂识别：_____

空调制冷剂回收工具：_____

空调制冷剂回收方法：_____

实践总结：_____

（5）更换空调系统总成。

①更换压缩机皮带。

压缩机皮带规格：_____

压缩机皮带更换注意事项：_____。

实践总结：_____。

②更换压缩机总成。

压缩机总成规格：_____。

压缩机总成更换注意事项：_____。

实践总结：_____。

③更换储液罐。

储液罐规格：_____。

储液罐更换注意事项：_____。

实践总结：_____。

④更换冷凝器总成。

冷凝器总成规格：_____。

冷凝器总成更换注意事项：_____。

实践总结：_____。

（6）空调系统不制冷故障判断流程。

故障案例：一台挖掘机的空调系统在工作约 30 min 后，出风口供给的不是冷风而是自然风，压缩机不工作。

排查过程如下。

①检查空调系统的供电情况。

查看继电器和_____的工作状态，经检查_____以及_____和熔丝均正常。

②检查储液罐。

瞬时短接储液罐上高、低压压力开关的 2 个插脚，压缩机离合器吸合线圈有明显的_____声，说明该吸合线圈工作正常。用万用表电阻挡测量储液罐上高、低压压力开关的 2 个插脚，读数为"_____"，说明储液罐上高、低压压力开关内部的高、低压触点断开。储液罐内部的高、低压触点在正常情况下应该是闭合的，只在两种情况断开：一是系统压力过高；二是系统压力过低。若触点断开的原因是系统压力过低，则制冷剂一定_____，但空调系统开始工作时制冷效果良好，且维持了 30 min，说明制冷剂_____，因此判断触点断开是系统压力过高引起的。造成系统压力过高的原因有：储液罐脏堵或损坏、制冷剂_____、散热器散热能力差等。拆下储液罐，未见明显脏堵现象。

③重新充注制冷剂。

清洗制冷剂循环装置，抽真空并重新充注制冷剂至高、低压管路的压力均为 689.5 kPa，让系统重新投入工作，测量其高、低压分别为 1 234.2 kPa 和 220.6 kPa，压力_____，出风口冷风供给正常，但工作约 30 min 后，出风口供给的仍然是自然风，压缩机还是停止工作。第二次清洗制冷剂循环装置，抽真空并重新充注制冷剂，排除了系统中存在较多_____和_____的可能。

④拆检鼓风机和散热器。

拆除鼓风机和散热器，进行试机检查，发现空调系统工作 30 min 后，蒸发器即被厚厚的一层冰包裹住，怀疑可能是制冷剂循环装置失去调节作用所致。为此首先更换管道_____传感器，结果故障依旧；接着检查膨胀节流阀，可更换新的膨胀节流阀。更换新的膨胀节流阀并重新充注制冷剂后，空调系统工作完全恢复正常。

⑤分析认为，膨胀节流阀_____在开度较大位置，导致节流功能破坏，制冷剂通过量过大_____，制冷量超出蒸发器吸热能力，引起其外部大量水蒸气凝结，并伴发系统压力过高，

触发_____触点脱开，最终造成空调系统不制冷。

(7) 评估。

任务 6.2　检修收音机系统

学习目标

(1) 能向客户描述收音机系统；
(2) 能进行收音机系统的调试及检测；
(3) 具有系统思维能力。

工作任务

某客户反映其挖掘机的收音机系统不工作，请帮该客户进行故障诊断与排除。

相关知识

收音机系统由收音机、橡胶天线及扬声器组成，如图 6-2-1 所示。

　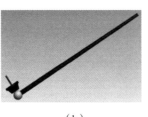　

(a)　　　　　　　　　(b)　　　　　　　　　(c)

图 6-2-1　收音机系统部件

(a) 收音机；(b) 橡胶天线；(c) 扬声器

收音机/橡胶天线参数如下。额定电压：24 V；频率范围：806~960 MHz；带宽：70 MHz；增益：5.5 dBi；同轴电缆长度：2 500 mm；功能：收听广播节目。

扬声器参数如下。额定功率：15 W；最大功率：25 W；阻抗：8 Ω ± 15%（400 Hz，1 V）；声压级：(85 ±2) dB（1.0 W 时 1.0 m，300 Hz，400 Hz，500 Hz，600 Hz 时的平均值）；频响范围：0~17 000 Hz 时，最大偏差 10 dB；听音（扫频）电压：额定值为 6.32 V 的正弦波；磁石尺寸：ϕ75 mm × ϕ32 mm × 10 mm。

收音机系统电路图如图 6-2-2 所示，当将起动开关打至 ON 挡时，129 号线得电，收音机电源接通，可以开始工作。

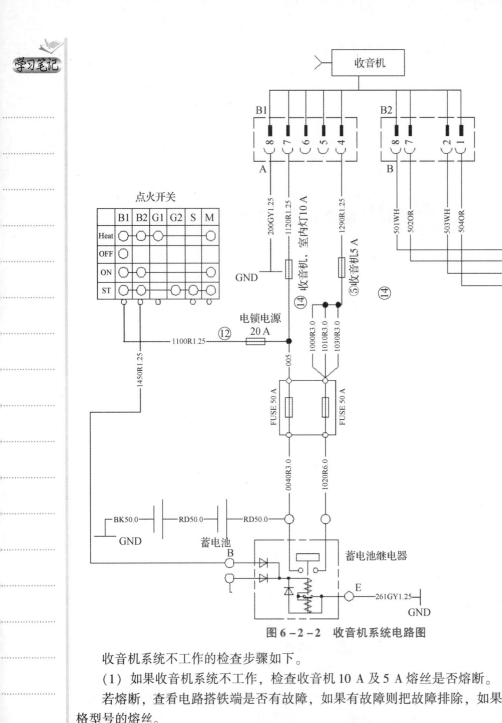

图 6 - 2 - 2 收音机系统电路图

收音机系统不工作的检查步骤如下。

（1）如果收音机系统不工作，检查收音机 10 A 及 5 A 熔丝是否熔断。

若熔断，查看电路搭铁端是否有故障，如果有故障则把故障排除，如果无故障则更换同等规格型号的熔丝。

（2）如果收音机接收不到频道，则检查橡胶天线是否松脱、橡胶天线是否断线、橡胶天线是否损坏。

（3）如果收音机没有声音，则检查扬声器与收音机是否连接良好、扬声器是否损坏。

 **项目实施**

（1）识读收音机系统电路图并判断收音机系统不工作的主要原因，画出故障判断流程图。

（2）检修收音机故障。

检修机型：_____。

①故障现象：_____。

②制定检测流程并画出检测流程图。

（3）检测并诊断。

电路检修要点（参考）如下。

①检查蓄电池电压是否正常。

检查结果与分析：_____。

②检查熔丝是否完好。

检查结果与分析：_____。

③检查搭铁连接是否完好。

检查结果与分析：_____。

④检查收音机是否能接收到频道。

检查结果与分析：_____。

⑤检查收音机是否有声音。

检查结果与分析：_____。

（4）修复。

（5）评估。

任务 6.3　检修行走报警器电路

 学习目标

（1）能向客户描述行走报警器电路的工作原理；

（2）能进行行走报警器的故障检测、维修及调试；

（3）具有系统思维能力。

工作任务

某客户反映近段时间其柳工 922E 挖掘机在行走的过程中，该报警时不报警。请对该客户的挖掘机进行检修。

相关知识

行走报警器用于在工程机械行走过程中发出鸣响，起到警示的作用，其安装位置和接线如图 6-2-3 所示。

行走报警电路

行走变速

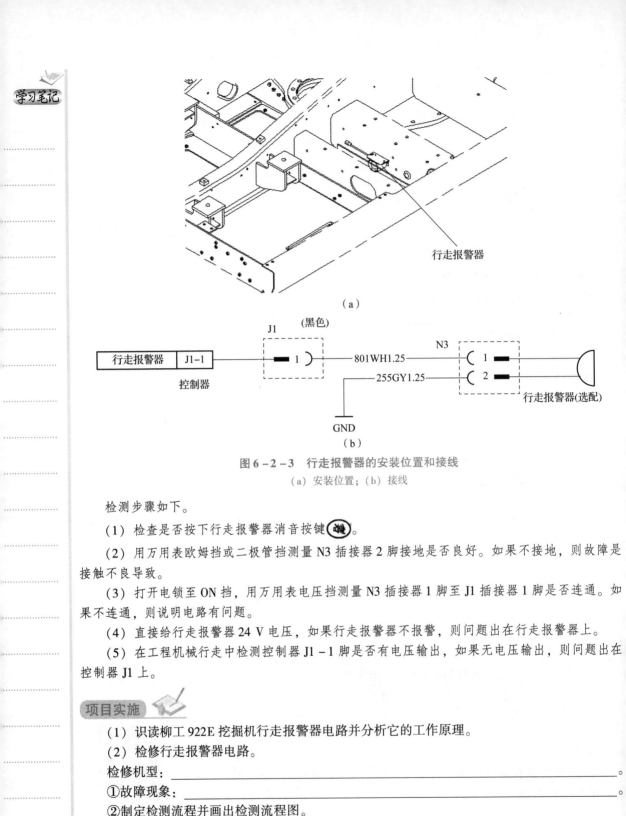

图 6 - 2 - 3　行走报警器的安装位置和接线

（a）安装位置；（b）接线

检测步骤如下。

（1）检查是否按下行走报警器消音按键（🔘）。

（2）用万用表欧姆挡或二极管挡测量 N3 插接器 2 脚接地是否良好。如果不接地，则故障是接触不良导致。

（3）打开电锁至 ON 挡，用万用表电压挡测量 N3 插接器 1 脚至 J1 插接器 1 脚是否连通。如果不连通，则说明电路有问题。

（4）直接给行走报警器 24 V 电压，如果行走报警器不报警，则问题出在行走报警器上。

（5）在工程机械行走中检测控制器 J1 - 1 脚是否有电压输出，如果无电压输出，则问题出在控制器 J1 上。

项目实施

（1）识读柳工 922E 挖掘机行走报警器电路并分析它的工作原理。

（2）检修行走报警器电路。

检修机型：＿＿＿＿＿＿＿＿＿＿＿＿＿＿＿＿＿＿＿＿＿＿＿＿＿＿＿＿＿＿＿＿＿＿＿＿＿＿。

①故障现象：＿＿＿＿＿＿＿＿＿＿＿＿＿＿＿＿＿＿＿＿＿＿＿＿＿＿＿＿＿＿＿＿＿＿＿＿＿＿。

②制定检测流程并画出检测流程图。

③检测并诊断。

电路检修要点（参考）如下。

①检查蓄电池电压是否正常。

检查结果与分析：_____。

②检查熔丝是否完好。

检查结果与分析：_____。

③检查线束、插头连接是否完好。

检查结果与分析：_____。

④检查是否按下行走报警器消音按键 🔘 。

检查结果与分析：_____。

⑤用万用表欧姆挡或二极管挡测量 N3 插接器 2 脚接地是否良好。

检查结果与分析：_____。

⑥打开电锁至 ON 挡，用万用表电压挡测量 N3 插接器 1 脚至 J1 插接器 1 脚是否连通。

检查结果与分析：_____。

⑦直接给行走报警器 24 V 电压，检查行走报警器是否损坏。

检查结果与分析：_____。

⑧在工程机械行走中检测控制器 J1 – 1 脚是否有电压输出。

检查结果与分析：_____。

（3）修复。

（4）评估。

附 录

附录1 空调系统各部件检查

1. 检查压缩机

启动压缩机，进行下列检查。

（1）如果听到异常声响，说明压缩机的轴承、阀片、活塞环或其他部件有可能损坏，或润滑油量不正常，或制冷剂量过多。

（2）用手摸压缩机缸体（小心高压侧很烫），如果进、出口两端有明显温差，并且没有异常高温，说明工作正常；如果温差不明显，可能制冷剂泄漏或阀片损坏，密封垫损坏。若出口侧异常热，应考虑是高压过高或压缩机缺油、油变质，或内部零件损坏，或制冷剂太多。若进口侧温度过低，有可能是制冷剂太少、系统中有堵塞，或蒸发器鼓风机风量太小。

（3）若有剧烈振动，可能是皮带太紧、皮带轮偏斜、离合器过松或制冷剂太多。

（4）检查轴封处。对于新机器，有少量渗油是正常的。若一直有油淌出，则可能是轴封漏油，O形圈损坏。若缸体结合面漏油，则是缸垫损坏，或缸垫处有垃圾。

（5）若压缩机不能运转，则要考虑：①是否电路不通；②是否离合器有故障；③是否压缩机咬死；④是否气温太低；⑤是否制冷剂漏光。

判断方法如下。

（1）关闭发动机，若电路无故障，通电时离合器能与转子（吸铁）吸合，则离合器无故障，否则可判断离合器故障。

（2）切断离合器电源，用手转动皮带盘，若压缩机轴极难转动，则表明压缩机咬死。

（3）若气温不低，让低温保护或低压保护开关短路，若压缩机能运转，则可能是保护开关坏或制冷剂漏光。若是后者，应立即使压缩机停转。

2. 检查冷凝器表面并进行清洗

（1）检查冷凝器表面及冷凝器与发动机水箱之间（停机检查）是否有碎片、杂物、泥污，并进行清理。冷凝器可用长毛刷沾水轻轻刷洗，千万不要用蒸气冲洗。要求经常清洗冷凝器表面。

（2）检查冷凝器表面有无脱漆，注意及时补漆，以免锈蚀。

（3）检查冷凝器表面及管接头处（包括储液罐接头处）有无油迹，若有油迹，检查是否有制冷剂泄漏。

（4）若翅片弯曲，要用尖嘴钳小心扳直，或用专用翅片梳子梳直。

（5）若冷凝器管被石头等外力击打而折弯、压扁、破损，应及时修理。

（6）检查导风罩是否完好、冷凝器与水箱之间的距离是否合理（二者间的距离不应超过

5 cm，否则空气在其间循环会产生紊流，影响散热)。

3. 检查储液罐

(1) 用手摸储液罐进、出口，并观察视镜。如果进口很烫，而且出口接近气温，从视镜中看不到制冷剂或很少有制冷剂流过，或者制冷剂很混浊、有杂质，可能储液罐中的滤网堵塞或干燥剂散开并堵住出口。一般干燥剂使用3个月后吸湿能力会下降一半，因此每2年应更换一次干燥剂。

(2) 检查易熔塞是否熔化，各接头处是否有油迹。

(3) 检查视镜是否有裂纹，周围是否有油迹。

4. 检查蒸发器

一般蒸发器比较难检查，但每年开始使用空调系统之前应检查一次。

(1) 检查蒸发器通道和箱体有无杂物，若有应小心清理，并用压缩空气冲洗。若翅片弯曲，要小心扳直。

(2) 要经常清洗蒸发器进风滤网。

(3) 检查蒸发器壳体有无缝隙、有无霉味。若有霉味，很可能是排水管被堵或加热器芯子漏水，造成隔热材料霉烂。

(4) 检查膨胀节流阀感温包与蒸发器出口管路是否贴紧，隔热保护层是否包扎牢靠。

(5) 检查膨胀节流阀动力头的毛细管连接处是否有裂缝、动力头与阀体焊接处是否有泄漏、进出口滤网是否堵塞。

5. 检查膨胀节流管

对于CCOT系统，若进、出口压力低，制冷量不足，往往是由于膨胀节流管堵塞，或气液分离器堵塞。

6. 检查制冷软管

检查制冷软管是否有裂纹、鼓包、油迹，是否老化，是否碰到尖物、热源或运动部件。检查制冷软管及冷凝水排放管固定是否牢靠，有否碰到过热、运动、尖角的部件及被发动机排气吹到，是否有足够的伸缩余地。检查制冷软管穿过金属板件时，是否有固定良好的橡胶保护套。检查制冷软管有否被扭曲、压扁，急转弯或连接方向有被振松的可能。

7. 检查电线连接

检查电线接头是否正常，电线有否碰到过热、转动、有毛刺的部件及被排气管排气吹到，连接是否可靠。检查电线穿过金属板件时，是否有固定良好的橡胶保护套；是否有足够的伸缩余地。检查蓄电池接线柱是否正常。

8. 检查电磁离合器及低温保护开关

断开和接通电路，检查电磁离合器及低温保护开关工作（包括低压开关）是否正常（若无低温保护开关，可不检查）。

(1) 小心断开电磁离合器电源，此时压缩机会停止转动，再接上电源，压缩机应该立即转动，这样每次短时间接合试验几次，以证明电磁离合器工作正常。

(2) 天冷时，若压缩机不转动，可能是由温保护开关或低压开关在起作用，可将蓄电池与电磁离合器直接连接（连接时间不能超过5 s）。若压缩机仍不转动，则说明有故障（首先检查电磁离合器故障）

(3) 在低温保护开关规定的气温以下正常启动压缩机，若仍能启动，则低温保护开关有故障，需更换。同样，在低压保护开关规定压力所对应的饱和温度下，若压缩机能启动，说明低压开关损坏。

（4）若有焦味，可能是离合器烧毁。

9. 检查车速控制机构

首先确认空调系统中有哪几种车速控制机构，然后进行检查。

（1）怠速保护装置（怠速继电器）。确认怠速保护装置的转速限值。首先使发动机在高于此限值的状态下运转，确认压缩机工作正常，然后让发动机降速至限定值以下，若压缩机自动停转，则说明怠速继电器工作正常，否则要调整怠速继电器限定值或调整发动机怠速转速。

（2）高速保护装置（超车继电器）。令发动机正常运转，确认压缩机能正常运转，然后短时间让发动机高速运转（模拟超车）几秒钟，观察压缩机能否自动停转，并能否在几秒钟后恢复正常。若有故障，检查电路是否有脱焊等现象，对症修理。

（3）怠速稳定装置（怠速提升装置）。若有此装置，起动发动机，不开空调，保持怠速稳定，测定发动机转速，一般应为 600~700 r/min；然后打开空调，检查发动机转速是否提高（应自动提升至（900~1 000）r/min）或不降低及怠速工况是否稳定。若发动机转速过高或偏低，则调整真空促动器的调整螺钉或拉杆位置。若发动机转速下降，则检查电路是否正常，真空源是否正常，真空管路是否漏气、压扁，真空膜盒是否漏气等。

10. 检查连接皮带及皮带盘

（1）检查皮带张紧力（松紧度）是否适宜，表面是否完好，配对的皮带盘是否在同一平面。

皮带新装上时长度合适，运转一段时间后会伸长，因此需要两次张紧。根据结构的不同，皮带长度不同，有不同的张紧力要求。皮带过紧会使皮带过早磨损，并导致有关总成的轴承损坏；皮革过松则使转速降低，制冷量、风速（风量）或发电机的发电量不足。

（2）若用一般梯形皮带，新装上的皮带张紧力应为（40~50）N，运转后张紧力应为 25 N 左右。

（3）齿形皮带的张紧力若不足，将会降低齿形带的可靠性；但张紧力大于 18 N 时，皮带会发出啸声，一般调整为 15~18 N 比较合适。调整齿形皮带张紧力的办法为：张紧皮带直到运转时发出啸声，然后逐渐减小张紧力，直到啸声消失为止。

（4）保证皮带直线运转是非常重要的，可用加减垫片的方法调整滑轮的轴向位置。

11. 检查鼓风机

检查鼓风机工作时是否有异常声响，是否有异物塞住叶轮，是否碰到其他部件。尤其要检查冷凝器风扇电动机的轴承是否咬住；压缩机运转时，冷凝器风叶是否同步转动（指辅助风扇）；工程机械高速行驶时，鼓风机是否高速运转。

12. 检查热水阀及外进风门

打开空调时，若发现出风不够冷，可检查热水阀及外进风门是否关严（有新风模式的则外进风门不一定关死）。

13. 定期检查压缩机油平面

压缩机有视镜的，察看油平面是否在红线以上。在侧面有放油塞的，可略松开放油塞，如果有油流出表明油量正好；若没有油流出，则需要加添润滑油。如果有油尺，根据说明书规定用油尺检查。

在正常情况下，润滑油的消耗是很少的，若发现润滑油明显减少，则说明压缩机漏油，或更换部件后没有及时补充润滑油，应对症处理。

14. 检查暖气水箱中的发动机冷却水

为了防止暖气水箱中的发动机冷却水结冰，必须在发动机冷却水中加入防冻剂。加防冻剂的冷却水每年都应更换一次（每年春季进行），以防止暖气水箱被腐蚀。更换冷却水时应将暖气功能键置于最大采暖位置（即水阀开度最大），以保证冷却水全部排尽。

15. 检查辅助发动机驱动的机组

对于辅助发动机驱动的机组，除了要检查上述内容以外，还要检查发动机的油压、燃油量、水箱水量等项目以及其他发动机常规检查内容。可根据使用说明书检查。

附录2　常用的电路图形符号

序号	名称	图形符号	序号	名称	图形符号
一、常用基本符号					
1	直流	——	6	中性点	N
2	交流	～	7	磁场	F
3	交直流	～	8	搭铁	⊥
4	正极	+	9	交流发电机输出接线柱	B
5	负极	—	10	磁场二极管输出端	D₊
二、导线端子和导线连接					
11	接点	●	18	插头和插座	
12	端子	○	19	多极插头和插座（表示的为三极）	
13	导线的连接	○—○			
14	导线的分支连接	●			
15	导线的交叉连接	●	20	接通的连接片	
16	插座的一个极		21	断开的连接片	
17	插头的一个极	——	22	屏蔽导线	

学习笔记

三、触点开关

序号	名称	图形符号	序号	名称	图形符号
23	动合（常开）触点		42	凸轮控制	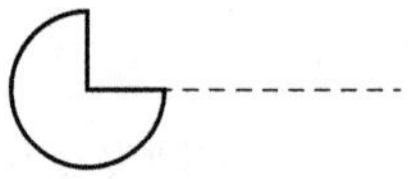
24	动断（常闭）触点		43	联动开关	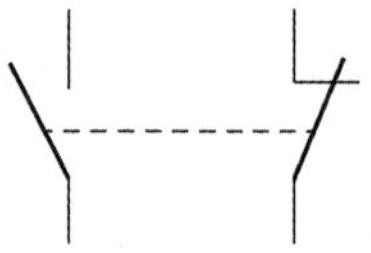
25	先断后合的触点		44	手动开关的一般符号	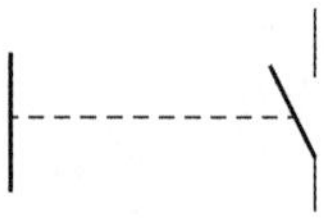
26	中间断开的双向触点		45	定位开关（非自动复位）	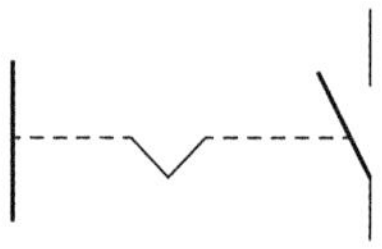
27	双动合触点		46	按钮开关	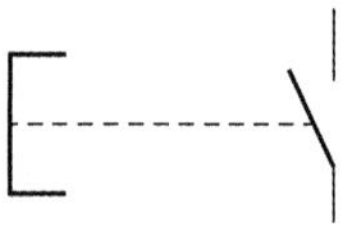
28	双动断触点	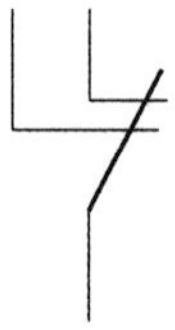	47	能定位的按钮开关	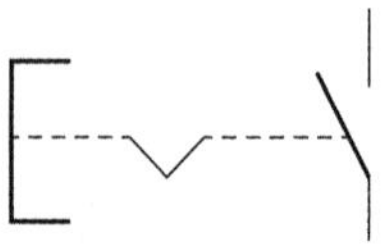
29	单动断双动合触点	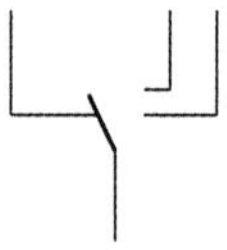	48	拉拨开关	
30	双动断单动合触点	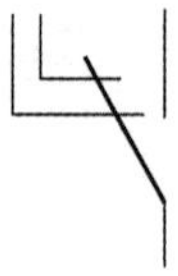	49	旋转、旋钮开关	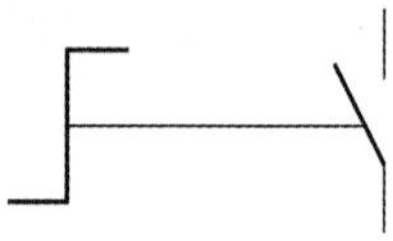
31	一般情况下手动控制		50	液位控制开关	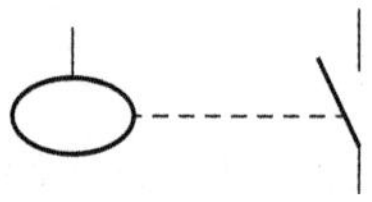

三、触点开关

序号	名称	图形符号	序号	名称	图形符号
32	拉拨操作		51	机油滤清器报警开关	OP
33	旋转操作		52	热敏开关动合触点	t°
34	推动操作		53	热敏开关动断触点	t°
35	一般机械操作		54	热敏自动开关的动断触点	
36	钥匙操作		55	热继电器触点	
37	热执行器操作		56	旋转多挡开关位置	1 2 3
38	温度控制	t	57	推拉多挡开关位置	1 2 3
39	压力控制	P	58	钥匙开关（全部定位）	1 2 3
40	制动压力控制	BP	59	多挡开关、起动开关，瞬时位置为2能自动返回到1（即2挡不能定位）	1 2 3 0.1
41	液位控制		60	节流阀开关	

			四、电气元件		
序号	名称	图形符号	序号	名称	图形符号
61	电阻器		80	光电二极管	
62	可变电阻器		81	PNP 型三极管	
63	压敏电阻器	U	82	集电极接管壳三极管（NPN）	
64	热敏电阻器	t°	83	具有两个电极的压电晶体	
65	滑线式变阻器		84	电感器、线圈、绕组、扼流圈	
66	分路器		85	带铁芯的电感器	
67	滑动触点电位器		86	熔断器	
68	仪表照明调光电阻器		87	易熔线	
69	光敏电阻		88	电路断电器	
70	加热元件、电热塞		89	永久磁铁	

四、电气元件

序号	名称	图形符号	序号	名称	图形符号
71	电容器		90	操作器件一般符号	
72	可变电容器		91	一个绕组电磁铁	
73	极性电容器				
74	穿心电容器		92	两个绕组电磁铁	
75	半导体二极管一般符号				
76	稳压二极管		93	不同方向绕组电磁铁	
77	发光二极管				
78	双向二极管（变阻二极管）		94	触点常开的继电器	
79	三极晶体闸流管		95	触点常闭的继电器	

五、仪表

序号	名称	图形符号	序号	名称	图形符号
96	指示仪表	＊	103	转速表	n
97	电压表	V	104	温度表	t°
98	电流表	A	105	燃油表	Q
99	电压、电流表	A/V	106	车速里程表	V
100	欧姆表	Ω	107	电钟	（符号）
101	瓦特表	W	108	数字式电钟	（符号）
102	油压表	OP	—	—	—

六、传感器

序号	名称	图形符号	序号	名称	图形符号
109	传感器的一般符号	＊	116	空气流量传感器	AF
110	温度表传感器	t°	117	氧传感器	λ

<table>
<tr><th colspan="6">六、传感器</th></tr>
<tr><th>序号</th><th>名称</th><th>图形符号</th><th>序号</th><th>名称</th><th>图形符号</th></tr>
<tr><td>111</td><td>空气温度传感器</td><td>$t^{\circ}{}_{n}$</td><td>118</td><td>爆震传感器</td><td>K</td></tr>
<tr><td>112</td><td>水温传感器</td><td>$t^{\circ}{}_{w}$</td><td>119</td><td>转速传感器</td><td>n</td></tr>
<tr><td>113</td><td>燃油表传感器</td><td>Q</td><td>120</td><td>速度传感器</td><td>V</td></tr>
<tr><td>114</td><td>油压表传感器</td><td>OP</td><td>121</td><td>空气压力传感器</td><td>AP</td></tr>
<tr><td>115</td><td>空气质量传感器</td><td>m</td><td>122</td><td>制动压力传感器</td><td>BP</td></tr>
<tr><th colspan="6">七、电气设备</th></tr>
<tr><td>123</td><td>照明灯、信号灯、仪表灯、指示灯</td><td></td><td>159</td><td>内部通信联络及音乐系统</td><td></td></tr>
<tr><td>124</td><td>双丝灯</td><td></td><td>160</td><td>收放机</td><td></td></tr>
<tr><td>125</td><td>荧光灯</td><td>X</td><td>161</td><td>天线电话</td><td></td></tr>
</table>

学习笔记

序号	名称	图形符号	序号	名称	图形符号
126	组合灯	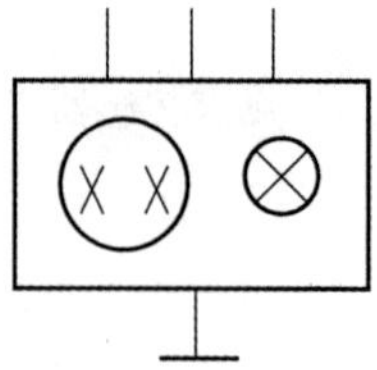	162	收放机	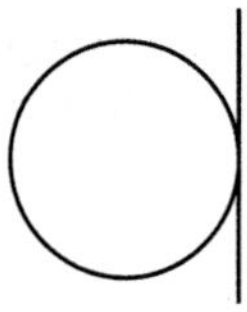
127	预热指示器	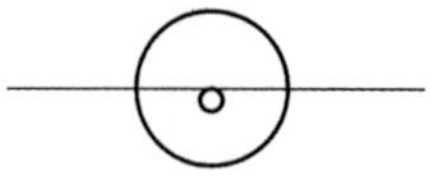	163	点火线圈	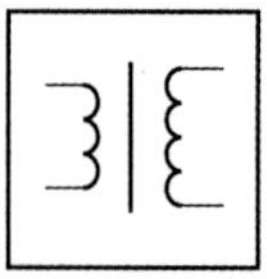
128	电喇叭	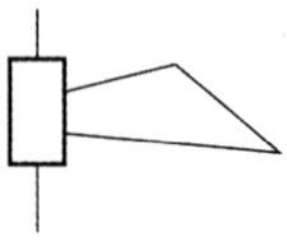	164	分电器	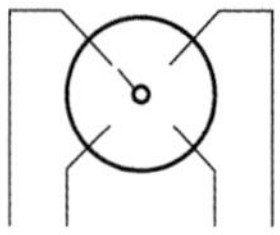
129	扬声器	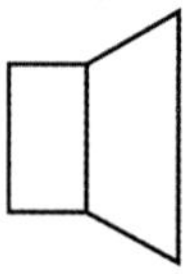	165	火花塞	
130	蜂鸣器	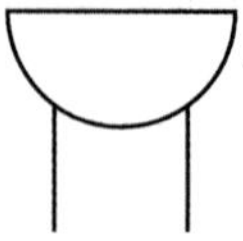	166	电压调节器	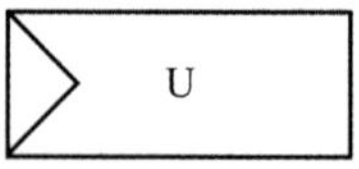 U
131	报警器、电警笛	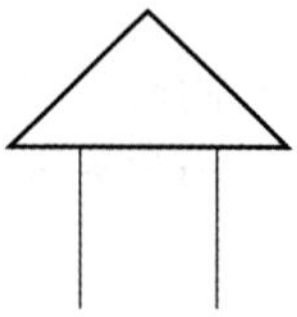	167	转速调节器	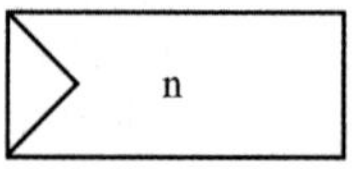 n
132	信号发生器	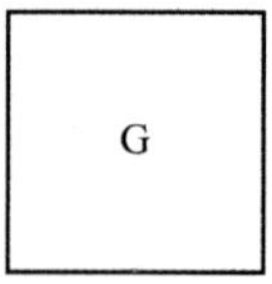 G	168	温度调节器	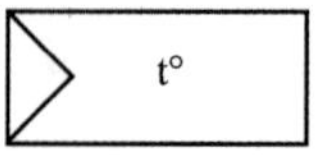 t°
133	脉冲发生器	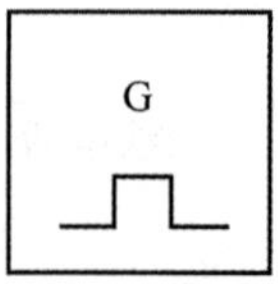 G	169	串激绕组	

七、电气设备

七、电气设备

序号	名称	图形符号	序号	名称	图形符号
134	闪光器		170	并激或他激绕组	
135	霍尔信号发生器		171	集电环或换向器上的电刷	
136	磁感应信号发生器		172	直流电动机	
137	温度补偿器		173	串激直流电动机	
138	电磁阀一般符号		174	并激直流电动机	
139	常开电磁阀		175	永磁直流电动机	
140	常闭电磁阀		176	起动机（带电磁开头）	
141	电磁离合器		177	燃油泵电动机、洗涤电动机	

序号	名称	图形符号	序号	名称	图形符号
	七、电气设备				
142	用电动机操纵的怠速调整装置		178	晶体管电动汽油泵	
143	过电压保护装置	U >	179	加热定时器	H | T
144	过电流保护装置	I >	180	点火电子组件	I | C
145	加热器（出霜器）		181	风扇电动机	M
146	振荡器		182	雨刮器电动机	M
147	变换器、转换器		183	电动天线	M
148	光电发生器	G	184	直流伺服电动机	SM
149	空气调节器		185	直流发电机	G

序号	名称	图形符号	序号	名称	图形符号
		七、电气设备			
150	滤波器		186	星形连接的三相绕组	
151	稳压器	U const	187	三角形连接的三相绕组	
152	点烟器		188	定子绕组为星形连接的交流发电机	
153	热继电器		189	定子绕组为三角形连接的交流发电机	
154	间歇刮水继电器		190	外接电压调节器与交流发电机	
155	防盗报警系统		191	整体式交流发电机	
156	天线一般符号		192	蓄电池	
157	发射机		193	蓄电池组	

学习笔记

七、电气设备					
序号	名称	图形符号	序号	名称	图形符号
158	收发机		—	—	—

附录3　液晶屏幕显示区图标

液晶屏幕显示区
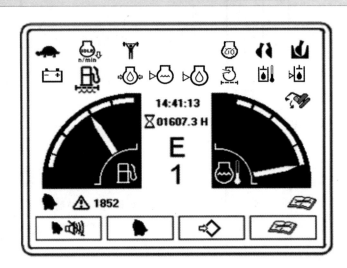

	图标	表示内容	图标颜色	说明
常规显示	**E**	工作模式	蓝色	工作模式分别为"P""E""F""L""B"和"ATT"
	1	油门挡位		油门共有12挡，分别从"1"到"12"，当油门旋钮故障时，该处图标为空
	14:41:13	时间	黑色	显示当日实时时间
	⧗01607.3 H	工作小时		发动机总运转时间

学习笔记

	图标	表示内容	图标颜色	说明
功能状态显示		行走速度	黑色	当行走速度为快速时显示，当行走速度为慢速时显示
		怠速功能		怠速功能开启时显示图标
		瞬时增力功能		（1）自动增力功能有效时，不论发动机是否运转，在主界面上一直显示该图标。 （2）手动增力，当按下手动瞬时增力按钮时，显示图标；当松开手动瞬时增力按钮时，图标消失。 （3）在L模式下，除非车辆处于行走状态，否则图标一直显示，并且在L模式下自动增力不能被取消
		预热功能		当使用预热功能时，显示图标，否则不显示
		平地功能		平地功能开启时，显示图标，否则不显示
		挖沟功能		挖沟功能开启时，显示图标，否则不显示
报警信息显示		蓄电池未充电	红色	蓄电池未充电时报警，此时应检查充电电路，排除故障
		燃油含水		燃油含水报警
		发动机机油压力		发动机机油压力低时报警
		冷却液液位		冷却液液位低时报警
		发动机机油油位		发动机机油油位低时报警
		空滤报警		空气滤清器堵塞时报警
		液压油温度		液压油温度超出极限时报警
		液压油油位		液压油油位低时报警，该功能需要机器配置液压油位开关
		举升超载		当举升负荷高于系统规定值时报警
		维修服务		当用户有未完成的维护项目时显示图标

图标	表示内容	图标颜色	说明
⚠ 1852	报警信息显示		当机器存在故障时，以文本或相应的柳工故障代码表示该故障。 当系统有故障报警时，红色警铃图标将会一直闪烁

虚拟计量表	燃油油位	范围/%	颜色	说明
		≤ 10	红色	图标填充为红色并伴随"燃油油位低"报警信息，表示油位过低
		10~20	黄色	图标填充为黄色，表示油位稍低
		20~100	绿色	图标为正常状态显示，表示油位正常

	冷却液温度	范围/℃	颜色	说明
		≤ 30	蓝色	温度正常
		30~100	绿色	温度正常
		100~102	黄色	温度高
		102~105	红色	温度过高
		>105	红色	温度极高

参 考 文 献

［1］王辉，张文秀，刘祥泽. 汽车电气设备构造与维修［M］. 长春：吉林大学出版社，2016.
［2］王霁霞. 工程机械电气系统检修［M］. 昆明：云南人民出版社，2013.